iMovie
レッスンノート
for Mac/iPad/iPhone

ver. 10.1.9 対応

阿部信行 著

Rutles

レッスン用素材のダウンロードは以下のURLよりお願いいたします。

http://www.rutles.net/download/479/index.html

- Apple、Appleロゴ、iOS、iMovie、iPhone、iPad、iPod、iTunes、iTunesロゴ、Mac、は
  Apple Computer,Inc.の各国での商標もしくは登録商標です。
- その他の会社名、商品名や製品名は、それぞれ各社の商標または登録標です。

はじめに

本書は、すべてのMacユーザー、すべてのiMovieユーザーにお届けする、iMovieの操作ガイドブックです。初めてiMovieを利用するユーザーも、すでにiMovieを使っているけど、ちょっと機能を確認したいというユーザも、皆さん同じように活用できるガイドブックです。

動画の編集は難しいとか、動画の編集は面倒とか、もうそのようなことをいっている時代ではありません。メモ感覚で動画を撮影し、それをサクッと編集。そしてSNSで公開し、あっというまに世界中の仲間と動画を共有している、そんな時代です。

『百聞は一見にしかず』といいます。聞くより見た方が情報量が多いのです。それだけなら写真でもよいのですが、動画は圧倒的に情報量が違います。

そのような中で、動画の編集ができないなどといわないでください。伝えたいことはサッとiPhoneで動画を撮って、サクッとiMovieで編集して、サッサとSNSで公開しようではありませんか。

何をどう編集して、それをどう出力して‥‥などと考えてる必要はありません。「これを伝えたい」と思ったら、その部分だけの映像をピックアップし、共有ボタンで共有すればいいのです。あれこれ考えているから、「面倒だ」ということになってしまうのです。

もちろん、マナーは必要です。他の人を誹謗中傷するような映像だったり、著作権や肖像権を侵害するような映像を配信することはNGです。本書でもそこまではガイドできませんので、読者の方々の良識に委ねます。

その上で、動画をどんどん配信してください。そのためのお手伝いをするためのガイドブックが本書です。本書が楽しいビデオライフのための一助になれば幸いです。

2018年8月
阿部信行

CONTENTS

Chapter 1　映像データをiMovieに取り込む

1-1　ユニークなiMovieのユーザーインターフェイス——— **008**

1-2　AVCHD形式の動画データをビデオカメラから読み込む——— **010**

1-3　ハードディスクから読み込む——— **015**

1-4　iPhone、デジカメから読み込む——— **021**

1-5　読み込んだクリップを再生する——— **025**

1-6　イベントライブラリを操作する——— **029**

1-7　iMovieのメディア画面の構成と機能——— **035**

1-8　新規ムービーを作る方法——— **039**

Chapter 2　「テーマ」を利用して簡単にムービーを作る

2-1　「テーマ」を利用してムービーを作る手順——— **044**

2-2　新規ムービーの準備とテーマの選択——— **047**

2-3　プロジェクト名を設定する——— **051**

2-4　ビデオクリップをタイムラインに配置する——— **053**

2-5　プロジェクトを再生する——— **060**

2-6　プロジェクトをバックアップする——— **066**

2-7　プロジェクトをアレンジする——— **068**

Chapter 3　オリジナルなムービーを作る

3-1　新規プロジェクトを設定する——— **072**

3-2　タイムラインにビデオクリップを配置する——— **076**

3-3　写真でプロジェクトを作成する——— **085**

3-4　ビデオクリップをトリミングする——— **094**

3-5　トランジションを設定する——— **099**

3-6　ビデオクリップを詳細編集する——— **107**

3-7　クリップフィルタを設定する——— **111**

3-8　ビデオクリップのカラーバランスを調整する——— **117**

3-9　ビデオを切り取って拡大する「クロップ」を実行する——— **123**

3-10　ピクチャ・イン・ピクチャを設定する——— **127**

CONTENTS

3-11 クリップを合成する——— **136**
3-12 「手ぶれ補正」を活用する——— **142**
3-13 タイトルを設定する——— **144**
3-14 ムービーにテロップを入れる——— **154**

Chapter 4 「予告編」で作るハリウッドスタイルのミニシネマ

4-1 「予告編」でのムービー作りの手順——— **160**
4-2 テーマを選択する——— **163**
4-3 アウトラインを設定する——— **166**
4-4 絵コンテを設定する——— **169**
4-5 予告編のプロジェクト変換と出力——— **175**

Chapter 5 オーディオを編集する

5-1 ビデオクリップの音量を調整する——— **180**
5-2 サウンドクリップ（BGM）を追加する——— **185**
5-3 サウンドエフェクトを設定する——— **192**
5-4 オーディオを調整する——— **196**
5-5 アフレコを利用する——— **204**
5-6 GarageBandで作成したオーディオデータを利用する——— **208**

Chapter 6 ムービーを出力／共有する

6-1 ビデオファイルとして出力する——— **212**
6-2 iMovie Theaterで共有する——— **214**
6-3 予告編をYouTubeで公開する——— **219**

Chapter 7 iPhone／iPadでiOS版iMovieを利用する

7-1 プログラムを入手する——— **224**
7-2 iOS版iMovieのビデオブラウザを利用する——— **225**
7-3 iOS版iMovieプロジェクトの設定とクリップの追加——— **228**

CONTENTS

7-4　クリップを編集する────**233**

7-5　タイムラインに写真を追加する────**241**

7-6　トランジションを設定／変更する────**243**

7-7　ムービーにテロップを設定する────**247**

7-8　ムービーのオーディオを操作する────**250**

7-9　プロジェクトを操作する────**255**

7-10　iOS版iMovieで予告編を作る────**257**

7-11　iOS版iMovieで作成したムービーをiTunesで共有する────**261**

Point & Tips一覧────**263**

索引────**265**

Chapter 1

映像データをiMovie に取り込む

iMovieは、AVCHD形式のハイビジョン映像はもちろん、iPhoneや iPad、デジタルカメラなどで撮影した映像データを読み込んで、利用できます。これらのデバイスから接続したまま取り込んで編集もできますが、基本的には、データを一度ハードディスクにコピーしてからiMovieで利用します。ここでは、映像データの取り込みについて解説します。

Chapter 1 映像データをiMovieに取り込む

1-1 ユニークなiMovieのユーザーインターフェイス

iMovieのユーザーインターフェイスは、とてもユニークです。無駄なコマンドなどは一切なく、わかりやすいファイル管理、理解しやすい作業内容、使いやすい各種機能など、「優しさ」が凝縮されたインターフェイスです。

❶ツールバー
　必要最小限のボタンを配置してある領域。「読み込む」→「作成」→「共有」と、作業の流れにしたがった配置が採用されています。

❷共有メニュー
　ファイル出力、Facebookでの公開、YouTubeでの公開など、iMovieからの出力をすべて管理するメニュー。新機能のiMovie Theaterもここで選択します。

008

Chapter 1	映像データをiMovieに取り込む

❸コンテンツライブラリ

ビデオに設定する効果などのパネルを選択／表示するためのボタンが並んでいます。

❹ライブラリ／イベント

iMovieに取り込んだクリップを管理するための「イベント」。そのイベントを集中的に
管理するエリアがライブラリです。

❺ブラウザ

イベントで管理されているクリップの内容を確認するための領域。タイムラインでどの
クリップのどの部分が使われているのかを視覚的に確認できます。

❻ビューア

iMovieで編集中の映像内容を表示するための領域。

❼各種エフェクト設定メニュー

色補正や音声エフェクト、ビデオエフェクトなど、映像に対してさまざまなエフェクト効
果を設定するためのコマンドを備えた領域です。

❽タイムライン

クリップを編集するための作業領域。クリップに対しての設定や行った処理などが、視
覚的に確認できるように工夫された、わかりやすいタイムラインです。

| Chapter 1 | 映像データをiMovieに取り込む |

1-2 AVCHD形式の動画データを ビデオカメラから読み込む

iMovieでビデオ編集を行うには、編集用の映像データ(「ビデオクリップ」と呼ぶ)を iMovieに取り込み、編集可能な状態にしなければなりません。ここでは、現在主流の AVCHD形式の映像データを、ビデオカメラから取り込む方法について解説します。

AVCHD形式の映像データの取り込み方法の選択

　現在のビデオカメラは、「AVCHD形式」と呼ばれるファイル形式を利用したハイビ ジョン映像で記録するタイプが主流です。ここでは、このAVCHD形式の映像データを iMovieに取り込む手順を解説します。

　なお、iMovieにAVCHD形式の映像データを取り込むには、次の2つの方法があり ます。

　　1)ビデオカメラからダイレクトに取り込む
　　2)ビデオカメラから一度ハードディスクにコピーし、そのデータを取り込む

　まず最初に、ビデオカメラからAVCHD形式ファイルを直接読み込む方法について解 説します。

> **Point AVCHDについて**
>
> 　AVCHDは、ハイビジョン映像をDVDやHDD、SDメモリー、メモリースティックといった 各種メディアに記録するための規格で、ソニーとパナソニックの2社によって策定されたものです。映 像は圧縮して記録されますが、MEPG-4 AVC／H.264という圧縮方法が採用されています。デフォ ルトスタンダードな規格です。

ビデオカメラから直接取り込む

　現在のビデオカメラは、ハイビジョン映像が撮影できるAVCHD対応のタイプが主流 です。このタイプのビデオカメラは、USBケーブルを利用してMacと接続し、映像データ を読み込みます。

| Chapter 1 | 映像データをiMovieに取り込む |

1 ビデオカメラを接続する

　iMovieを起動し、映像が記録されているAVCHD対応のビデオカメラを、MacとUSBケーブルで接続します。接続したら、Macとビデオカメラの接続設定を行います。

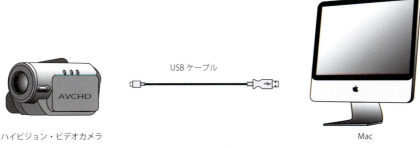

ハイビジョン・ビデオカメラ　　　　ビデオカメラを接続する　　　　Mac

Point ビデオカメラとMacの接続設定

　AVCHDタイプのビデオカメラは、Macと接続した際、ビデオカメラ側でパソコンとの接続設定を有効にする必要があります。有効にする方法については、各ビデオカメラのマニュアルを参照してください。
　たとえば、キヤノンのビデオカメラの場合は、再生モードに切り替えた際に表示されるメニューから、取り込みたい映像が記録されているメモリーを選択することでMacとの接続が有効になります。

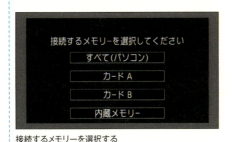

接続するメモリーを選択する

Point AC電源が必須

　ビデオカメラからiMovieにダイレクトに映像を取り込む場合、ビデオカメラにはAC電源を接続してください。ビデオカメラのバッテリーだけで取り込んでいると、途中でバッテリー切れになる可能性があります。

Chapter 1 映像データをiMovieに取り込む

2 「読み込む」ウィンドウが表示される

ビデオカメラを接続すると、ビデオカメラを自動認識して「読み込む」ウィンドウが表示されます。このウィンドウには、ビデオカメラに記録されている映像のサムネイル（縮小画像）が表示されています。

起動した状態のiMovie編集画面

❶ビデオカメラを認識して「読み込む」ウィンドウが表示される
❷カメラを選択する
❸カメラ内の映像データが表示される

3 読み込み先を設定する

ビデオカメラから読み込んだ映像データを保存・管理するための「読み込み先」を設定します。なお、設定した読み込み先は、選択したカメラ内の映像に応じて自由な名前で設定でき、ライブラリに登録されます。

クリックする

「新規イベント」を選択する

❶自由にイベント名を入力する
❷[OK]ボタンをクリックする

012

| Chapter 1 | 映像データをiMovieに取り込む |

Point イベントについて

「イベント」というのは、読み込んだビデオクリップを整理するための単位です。iMovieの場合、デフォルト（初期設定）では日付で整理するように設定されており、iMovieを起動した日付やビデオクリップを取り込んだ日付でイベント名が設定されます。ここでは、日付を任意の名称に設定/変更したものです。

4 [読み込む]ボタンをクリックする

保存先が設定できたら、[選択した項目を読み込む]ボタンをクリックし、映像ファイルを読み込みます。

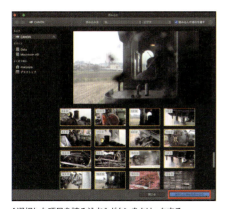

[選択した項目を読み込む]ボタンをクリックする

Point ボタンの表示

サムネイルを選択していない場合は、読み込むボタンに「すべてを読み込む」と表示されています。この場合、ビデオカメラ内のすべてのデータを読み込みます。

Chapter 1 映像データをiMovieに取り込む

Tips 複数のファイルを選択する

複数のファイルを選択したい場合、[shift]キーを押しながらサムネイルをクリックすると、連続した状態で選択できます。また、[⌘]キーを押しながらクリックすると、任意のファイルを複数選択できます。選択したサムネイルには黄色い枠が表示され、読み込みの対象となります。

5 映像データが読み込まれる

ビデオカメラから映像データが読み込まれ、サムネイルのバーが表示されます。読み込みが終了したら、[閉じる]ボタンをクリックします。なお、ビデオカメラをMacから取り外す場合は、[取り出す]ボタンをクリックします。iMovieに読み込んだ映像データは、「ビデオクリップ」や単に「クリップ」と呼ばれます。

[閉じる]ボタンをクリックする

読み込まれたクリップ

Tips 一度読み込んだビデオカメラ

この方法でビデオカメラからすべての映像映像を読み込むと、再度、ビデオカメラをMacに接続しても、ビデオカメラに記録されている映像のサムネイルは表示されません。再度読み込みたい場合は、ダイアログボックスの上にある「読み込んだ項目を隠す」のチェックボックスをオフにします。

このチェックボックスをオフにすると、再表示される

014

| Chapter 1 | 映像データをiMovieに取り込む |

1-3 ハードディスクから読み込む

ビデオカメラのデータをハードディスクにコピーしたり、ネットからゲットした映像データなどは、ハードディスクから読み込むことができます。

ハードディスクにコピーしてから読み込む

　ビデオカメラに記録されている映像ファイルをMacや外付けのハードディスクにコピーし、それを読み込むことも可能です。この方法だと映像データのファイル管理もできるので、通常はこちらの方法がおすすめです。また、ネットから入手してハードディスクに保存してある映像データも同じ方法で読み込めます。

1 ハードディスクにコピーする

　ビデオカメラをMacに接続し、映像データをハードディスクにコピーしておきます。このとき、外付けのハードディスクなどに保存すると、ファイル管理も簡単になります。

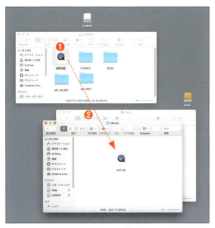

❶ビデオカメラのAVCHDフォルダーを選ぶ
❷ハードディスク上の任意のフォルダーに、ビデオカメラからAVCHDフォルダーをドラッグ&ドロップでコピーする

| Chapter 1 | 映像データをiMovieに取り込む |

2 イベントを設定する

iMovieのメニューバーから「ファイル」→「メディアを読み込む...」を選択して「読み込む」ダイアログボックスを表示し、これから読み込むファイルを保存／管理するための「イベント」を設定します。名前は、映像の内容がわかりやすいように設定します。

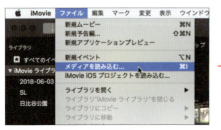 

「メディアを読み込む…」を選択する

❶イベント名を入力する
❷[OK]ボタンをクリックする

3 クリップを選択する

「読み込む」ダイアログボックスが表示されます。ここで、AVCHDフォルダーを保存したハードディスクのフォルダーを選択します。

❶設定した読み込み先を選択する
❷ハードディスクを選択する
❸フォルダーを選択する
❹[選択した項目を読み込む]ボタンをクリックする

ファイル単位での選択も可能

ファイル単位での読み込みも可能です。フォルダーを開くと、動画ファイルが「Clip#1」…と表示されます。ここで、読み込みたいフォルダークリップを選択し、[選択した項目を読み込む]ボタンをクリックして読み込みます。

016

Chapter 1　映像データをiMovieに取り込む

4　AVCHDファイルが読み込まれる

選択したフォルダー内にある映像ファイルが、すべてクリップとして読み込まれます。

Point　AVCHDフォルダーと動画ファイル

ビデオカメラにあるAVCHDフォルダーには、撮影した動画ファイルの他、動画ファイル管理に必要なAVCHD規格関連のファイルが保存されています。このうち動画ファイルは、「AVCHD」→「BDMV」の下にあるSTREAMフォルダーに記録されています。

AVCHDフォルダーを開く

BDMVフォルダーを開く

STREAMフォルダーを開く

AVCHD形式の動画ファイル

017

| Chapter 1 | 映像データをiMovieに取り込む |

Point AVCHDフォルダーとOS X

　Mountain Lion以降のOS Xの場合、AVCHDフォルダーはフォルダーアイコンではなく、QuickTimeファイルのファイルアイコンとして表示されます。そのため、このアイコンをダブルクリックしてもフォルダーを開くことができません。AVCHDフォルダーを開くには、アイコン上で右クリックし、コンテクストメニューから「パッケージの内容を表示」を選択してください。これでフォルダーを開くことができます。同様に、BDMVフォルダーもQuickTimeファイルとして表示されるので、「パッケージの内容を表示」を選択してフォルダーを開きます。

通常のフォルダーアイコン（右）ではなく、QuickTime
ファイルアイコン（左）として表示される

ドラッグ&ドロップで読み込む

　ハードディスク上にコピーした「AVCHD」フォルダーは、イベントライブラリに設定したライブラリ上にドラッグ&ドロップしても読み込むことができます。この場合、「読み込む」ウィンドウを利用する必要はありません。

1 映像データを準備する

　ビデオカメラから、AVCHDフォルダーをハードディスク上にコピーしておきます。

AVCHDフォルダーをコピーしておく

2 新規イベントを設定する

サイドバーで「iMovieライブラリ」を選択し、メニューバーから「ファイル」→「新規イベント」を選択してイベントを設定します。イベント名は、確定後もクリックして変更できます。

❶「iMovieライブラリ」を選択する
❷「新規イベント」を選択する

イベント名を変更する

3 AVCHDフォルダーをドラッグ&ドロップする

新規に作成したイベント名の上に、操作の1で準備したAVCHDフォルダーを開いて、ファイルが保存されているSTREAMフォルダーをドラッグ&ドロップします。なお、AVCHDフォルダーをイベント名の上にドラッグ&ドロップしたのでは、ファイルを読み込むことはできません。

BDMVフォルダーの中のSTREAMフォルダーをドラッグ&ドロップする

ファイルが読み込まれる

| Chapter 1 | 映像データをiMovieに取り込む |

Tips ファイルをドラッグ&ドロップで読み込む

ドラッグ&ドロップによる読み込みでは、ファイル単位でも可能です。拡張子が「.MTS」のファイルをライブラリのイベント名の上にドラッグ&ドロップすれば、そのファイルを読み込むことができます。

ファイルをイベントの上にドラッグ&ドロップする

Point 外付けハードディスクのフォーマットについて

外付けのハードディスクを利用する場合、ハードディスクのフォーマットは、ユーティリティフォルダーにある「ディスクユーティリティ」を利用します。このとき悩むのが、フォーマットのタイプです。大きく分けて、「Mac OS拡張」と「Mac OS拡張(ジャーナリング)」がありますが、通常はジャーナリングを利用しましょう。ジャーナリングというのは、ディスク操作中にアクシデントが発生してファイルが破損しても、ハードディスクを使用可能な状態に復元することができる機能です。

Chapter 1 映像データをiMovieに取り込む

1-4 iPhone、デジカメから読み込む

iPhoneのカメラ機能もアップし、動画を撮影＆公開するユーザーも増えました。また、デジタルカメラでの動画撮影も一般的になり、こうした動画データをiMovieに読み込んで編集することも、簡単にできるようになりました。

iPhoneから読み込む

ここでは、iPhoneから動画データを読み込む方法について解説します。読み込み方法は、基本的にデジタルカメラの場合と同じです。なお、動画と写真を同時に読み込むこともできますが、操作方法については、このあとの「デジタルカメラから読み込む」を参照してください。

1 「読み込む」ウィンドウが表示される

iMovieを起動してMacにiPhoneを接続すると、自動的に「読み込む」ウィンドウが表示されます。ウィンドウが表示されない場合は、「ファイル」→「メディアを読み込む...」を選択してください。

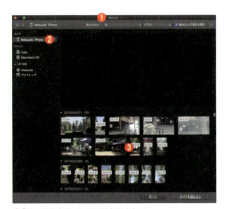

❶「読み込む」ウィンドウが表示される
❷「カメラ」の「iPhone」を選択する
❸ iPhone内の動画が表示される（初めての場合、時間がかかる）

Chapter 1　映像データをiMovieに取り込む

2　新規イベントを作成する

読み込んだクリップを管理するイベントを新規に作成するため、イベント名を設定します。

「新規イベント」を選択する

❶イベント名を入力する
❷[OK]ボタンをクリックする

イベント名が設定される

3　ファイルを選択して読み込む

iMovieに読み込みたい動画のサムネイルを選択します。選択したら、[選択した項目を読み込む]ボタンをクリックしてください。

❶クリップを選択する
❷[選択した項目を読み込む]ボタンをクリックする

Tips　複数のファイルを選択する

複数のファイルを選択する場合、[shift]キーを押しながらクリックすると、連続した状態で選択できます。また、[⌘]キーを押しながらクリックすると、任意のファイルを複数選択できます。

Chapter 1　映像データをiMovieに取り込む

> **Point　すべてのクリップを読み込む**
>
> クリップを選択しない状態では、読み込みボタンは[すべてを読み込む]と表示されています。したがって、表示されているiPhone内にあるすべての動画データがクリップとして読み込まれます。
>
>

4　イベントに読み込まれる

選択した動画データが、クリップとして指定したイベントに読み込まれます。

読み込まれたiPhoneの動画データ

| Chapter 1 | 映像データをiMovieに取り込む |

デジタルカメラから読み込む

　動画を撮影したデジタルカメラをiMovieが起動しているMacに接続しても、iPhoneと同じように動画データを読み込むことができます。なお、デジタルカメラには動画と写真の双方が記録されていますが、それぞれを選択表示できます。

サムネイルの表示タイプを選択する

　デジタルカメラをMacに接続して「読み込む」ウィンドウが表示されたら、ウィンドウ右上にある選択ウィンドウをクリックしてください。表示するデータタイプの選択メニューが表示されるので、「ビデオ」「写真」「すべてのクリップ」から選択します。

表示モード選択メニュー

「すべてのクリップ」で表示

写真のサムネイル

動画のサムネイル（動画の秒数が表示される）

 iPhoneでも可能

　動画と写真との表示の切り替えは、iPhoneでも同じように可能です。

024

| Chapter 1 | 映像データをiMovieに取り込む |

1-5 読み込んだクリップを再生する

iMovieのイベントライブラリに読み込んだビデオクリップは、ライブラリに登録されると同時に、イベントブラウザにサムネイルが表示されます。ここでクリップを選択し、再生して映像を確認できます。

スキミング操作を覚える

　iMovieでのビデオ再生や編集を行うには、「スキミング」という操作を身に付けておく必要があります。といっても難しい操作ではありませんが、クリップから任意の範囲を選択したり、内容を確認するには大切な操作です。

再生ヘッドとスキマーについて

　イベントブラウザに表示されているクリップで、マウスをクリックしたり、マウスをクリップ上に置くと、白いラインやオレンジ色のラインが表示されます。このときの白いラインが「再生ヘッド」で、マウスをクリップ上に合わせるとマウスポインタの位置に表示されるオレンジ色のラインが「スキマー」です。

❶再生ヘッド：クリップをクリックした位置に表示される。現在の再生位置を示す
❷スキマー：再生ヘッドを移動せず、クリップをプレビューする

スキミングによる操作

　スキマーを利用してスキミングすると、再生ヘッドの位置に関係なく、クリップをプレビューできます。クリップ上でマウスポインタを左右に動かすことでスキマーが移動します。

| Chapter 1 | 映像データをiMovieに取り込む |

　このとき、マウスを動かす位置や速さに合わせて映像をプレビューする操作のことを「スキミング」といいます。

クリップ上でマウスポインタを左右に動かす

マウスのドラッグに応じてプレビューできる

Tips スキミング方法による違い

　スキミングには、単にマウスを左右に動かすだけの操作と、マウスの左ボタンを押しながらドラッグする方法で、操作結果が異なります。

| 左右に動かす | クリップをプレビューするだけ |
| 左右にドラッグする | ドラッグした範囲を範囲指定する |

ビデオクリップを再生する

　イベントライブラリに登録／表示されているクリップは、次のようにして再生することができます。

Chapter 1 映像データをiMovieに取り込む

スキミングで再生

手軽にクリップ内容を確認するときには、先に解説したスキミングが便利です。クリップ上でマウスポインタを左右に移動させてください。なお、スキミングのことを「要約再生」ともいいます。

クリップをスキミング

クリップの先頭から再生する

クリップの先頭から再生したい場合は、再生したいクリップ上でマウスをクリックして再生ヘッドを移動し、メニューバーから「表示」→「先頭から再生」を選択するか、キーボードの¥キーを押して再生します。

➡ショートカットキー	
先頭から再生／停止	¥キー

❶再生したいクリップ上でクリックする
❷「先頭から再生」を選択する

途中から再生する

クリップの途中から再生を開始したい場合は、クリップの再生を開始したい位置にマウスを合わせてクリックし、再生ヘッドを表示します。この状態でスペースバーを押すと、指定した位置から再生を開始します。停止する場合は、もう一度スペースバーを押します。

➡ショートカットキー	
再生	スペースバー

再生ヘッドを表示してスペースバーを押す

Chapter 1　映像データをiMovieに取り込む

フルスクリーン再生する

　プレビュー画面で[フルスクリーン再生]ボタン をクリックすると、ディスプレイの全画面で再生ができる「フルスクリーン」での再生が可能です。フルスクリーンモードを停止する場合は、escキーを押します。また、ショートカットキーの shift + ⌘ + F キーでもフルスクリーン再生できます。

➡ショートカットキー	
フルスクリーンで再生	shift + ⌘ + F キー

[フルスクリーン再生]ボタン をクリックする

フルスクリーンを解除するには、 ボタンをクリックする

1フレームずつ表示する

　クリップ内で1フレームずつ移動するには、ボードの ← → キーを押してください。

その他のキーボードショートカットで再生

　キーボードショートカットには、次のような再生機能が割り当てられています。

標準(1倍速)の速度で正方向の再生をする	L キー
標準(1倍速)の速度で逆方向の再生をする	J キー
再生を一時停止する	K キー
現在の再生速度を2倍にする	L キーまたは J キーを2回押す
再生中に再生方向を逆転する	逆方向に再生するには J キー
	正方向に再生するには L キー
再生ヘッドを1フレームずつ移動する	K キーを押したまま、 J キーまたは L キーを押す
再生ヘッドを1/2倍速で移動する	K キーを押したまま、 J キーまたは L キーを押し続ける

Chapter 1　映像データをiMovieに取り込む

1-6 イベントライブラリを操作する

イベントライブラリに登録したライブラリは、移動や削除ができます。ここでは、イベントライブラリでの操作について解説します。

イベントを外付けのハードディスクに移動する

内蔵ハードディスクに設定されているイベントを、外付けのハードディスクに移動してみましょう。この場合、外付けハードディスクに新たにライブラリを作成し、そのライブラリに内蔵ハードディスクのイベントを移動するという作業になります。

> **Point　ライブラリ**
>
> iMovieの「ライブラリ」は、複数のイベントをまとめて保管・管理するための場所です。基本的に、iMovieでは1つのライブラリしか使いません。そのライブラリは、ユーザーフォルダーの「ムービー」フォルダーに記録されています。しかし、複数のライブラリを作成してイベントを管理すことも可能です。
>
>
> 内蔵ハードディスクの「ムービー」フォルダーにある「iMovieライブラリ」

1　外付けハードディスクにライブラリを作成

外付けハードディスク上に、iMovieのライブラリを保存するフォルダーを設定します。さらにiMovieから、設定したフォルダーにiMovieライブラリを作成して保存します。

「ファイル」→「ライブラリを開く」→「新規...」を選択する

❶ライブラリ名を設定する
❷保存場所を選択する
❸[保存]ボタンをクリックする

029

Chapter 1　映像データをiMovieに取り込む

❶ライブラリが設定される
❷空のイベントも同時に作成される

作成・保存されたライブラリ

2　イベントをドラッグ&ドロップする

　ライブラリリストで、内蔵ライブラリから外付けライブラリに移動したいイベントを選択し、❶で作成した外付けハードディスクのライブラリ名の上に、⌘キーを押しながらドラッグ&ドロップします。

イベントを⌘キーを押しながらドラッグ&ドロップする

イベントが移動する

Tips　イベントをコピーする

　ライブラリから別のライブラリへ、イベントを単にドラッグ&ドロップするか、あるいはoptionキーを押しながらドラッグ&ドロップすると、イベントがコピーされます。

Point　イベントをコピーでバックアップ

　イベントのコピーはデータ量が2倍になるので、ハードディスクの容量を圧迫します。しかし、たとえば内蔵のハードディスクにあるイベントを現在編集中で、そのバックアップとして外付けのハードディスクに保存しておくと、編集中のイベントが何らかの原因で壊れてしまっても、コピーしたイベントを利用すれば、元に戻すことができます。

| Chapter 1 | 映像データをiMovieに取り込む |

イベント名を変更する

　イベント名は、新規に作成したり、あるいは動画ファイルを読み込んだ日付が設定されています。このイベント名を、目的に応じた名称に変更してみましょう。

1　イベント名をダブルクリックする

　イベントライブラリでイベント名を変更したいイベントを選び、returnキーを押して名前を変更します。

イベントを選択してreturnキーを押すと入力モードに切り替わる

名前を変更する

イベントを削除する

　不要になったイベントは、イベント上にマウスを合わせて右クリックし、「イベントを削除」を選択してください。イベントを削除できます。

❶イベントを右クリックする
❷「イベントを削除」を選択する

［続ける］ボタンをクリックする

イベントが削除される

031

Chapter 1　映像データをiMovieに取り込む

イベントを結合する

　複数に分かれて登録されているイベントを、1つにまとめることができます。たとえば、似たような映像のイベントを1つにまとめたり、同じテーマでも日付ごとにイベントが作成されたときなど、それらを1つのイベントにまとめることができます。

1　イベントを選択する

　結合したいイベントを選択します。画面では、2つのイベントを選択しています。

イベントを選択する

2　メニューを選択する

　メニューバーから、「ファイル」→「イベントを結合…」を選択します。

3　イベント名を変更

　選択した複数のイベントが1つにまとめられます。イベント名変更がアクティブになるので、イベント名を変更してください。

イベント名を変更する

032

| Chapter 1 | 映像データをiMovieに取り込む |

 イベントが結合される

選択した複数のイベントが1つにまとめられます。

イベントが結合された

Tips ドラッグ&ドロップで結合する

イベントを別のイベント上にドラッグ&ドロップしても、結合することができます。

ライブラリの表示/非表示の操作

ライブラリでは、ライブラリの表示/非表示を操作できます。たとえば、先に外付けドライブに作成した「iMovie ライブラリ 1」をライブラリから非表示にしたり、再度表示したりできます。

ライブラリを非表示にする

表示されているライブラリを非表示にするには、次のように操作します。

❶非表示にしたいライブラリ上で右クリックする
❷「ライブラリ"○○"を閉じる」を選択する
※○○部分にはライブラリ名が表示されます。

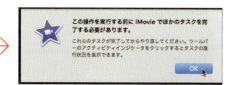

[OK]ボタンをクリックする

ライブラリが非表示になる

033

| Chapter 1 | 映像データをiMovieに取り込む |

非表示のライブラリを表示させる

表示されていないライブラリは、次のように操作して表示します。

❶「ファイル」→「ライブラリを開く」を選択する
❷表示したいライブラリ名を選択する

ライブラリが表示される

Tips イベントリストの表示／非表示

ライブラリに登録されているイベント数が増えた場合、ライブラリ名の先頭にある三角マーク▼をクリックして、リストを非表示／表示を切り替えることができます。ライブラリの数が増えたときなど、目的のライブラリのイベントリストだけを表示しておくときに便利です。

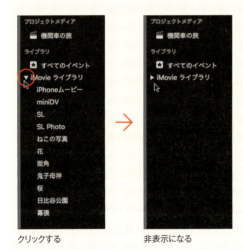

クリックする　　　　　　非表示になる

Chapter 1　映像データをiMovieに取り込む

1-7 iMovieのメディア画面の構成と機能

iMovieの画面は、機能がブロックでまとめられており、操作がわかりやすいように構成されています。ただ、アプリケーションとしては見慣れないので、ちょっと戸惑うかもしれませんね。ここでは、メディア画面の構成について解説します。

メディア画面の構成

メディア画面は、大きく分けて3つのブロックと、ツールバーなどで構成されています。

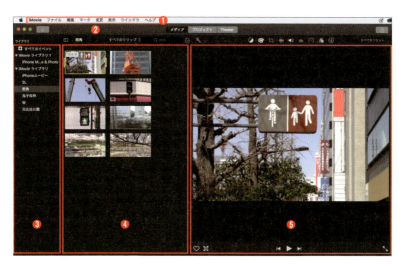

❶メニューバー
iMovieで利用できるコマンドがメニュー形式で表示され、実行できます。

❷ツールバー
メディア画面、プロジェクト画面など画面の切り替えや、取り込み用の[取り込み]ボタン、[共有]ボタンなどで構成されています。
また、ビデオやオーディオの調整ボタンも備えています。

❸ライブラリ
イベントが登録されています。

❹ブラウザ
イベントに読み込んで登録されている素材が、サムネイルで表示されます。

❺ビューア
素材や編集中の映像を表示します。

035

Chapter 1 映像データをiMovieに取り込む

ライブラリ

　ライブラリは、iMovieに取り込んだ素材データを、「イベント」でグルーピングして管理するための領域です。イベントは、簡単にいえば「フォルダー」と同じです。名前を付けた入れ物に素材を入れて管理しています。

ブラウザの機能

　ブラウザは、ムービーで利用するクリップを「選択する」という作業を行うエリアです。編集で利用するクリップの選択ができます。なお、歯車の[設定]ボタンをクリックすると、サムネイルの表示をカスタマイズできます。

ブラウザ画面

設定メニューを表示

クリップのサイズ

　設定メニューの「クリップのサイズ」では、ブラウザに表示されているサムネイルのサイズを変更できます。

サムネイルを拡大

サムネイルを縮小

036

拡大／縮小

「拡大／縮小」では、クリップの表示幅が表示時間に応じてズームイン（拡大）、ズームアウト（縮小）します。

時間に応じて表示幅が変わる

オーディオ

「オーディオ」では、音声部分の情報が音声波形で表示されます。

Chapter 1 映像データをiMovieに取り込む

ビューア画面

　ビューア画面は、ブラウザで選択したクリップの映像を表示します。画面下にはコントローラーがあり、再生／停止の他、前や次のクリップへの移動ができます。

❶よく使う項目に追加
❷選択項目を不採用
❸前のクリップへ移動
❹再生／一時停止
❺次のクリップへ移動
❻フル画面表示

Tips 「よく使う項目に追加」と「選択項目を不採用」

　「よく使う項目に追加」は、設定した範囲に緑色のラインが表示され、一目で位置がわかるようになります。「選択項目を不採用」では、指定したクリップがイベントに表示さなくなります。

038

| Chapter 1 | 映像データをiMovieに取り込む |

1-8 新規ムービーを作る方法

iMovieに取り込んだビデオクリップを利用して作品を作成する場合、「新規ムービー」から作成します。新規にムービーを作成する方法には、メディア画面とプロジェクト画面からアプローチする2種類の方法があります。

新規ムービーを作成する2種類の方法

　新規にムービーを作成するには、iMovieのどこから作成を始めるかによって、2種類の方法があります。

- メディア画面から作成する
- プロジェクト画面から作成する

メディア画面から新規ムービーを作成する

　「メディア」画面から新規にムービーを作成する場合は、次のように操作します。

1 「メディア」を確認する

　起動しているiMovieで、「メディア」画面が選択されているのを確認します。

「メディア」が選ばれているのを確認

2 「新規ムービー」を選択する

　メニューバーから「ファイル」→「新規ムービー」を選択します。

「新規ムービー」を選択する

3 ライブラリを選択する

新規ムービーのプロジェクトをどこに保存するか、ライブラリを選択します。

❶ライブラリを選択する
❷[OK]ボタンをクリックする

4 「マイムービー」が表示される

「マイムービー」という名前で、新規ムービーが作成されます。

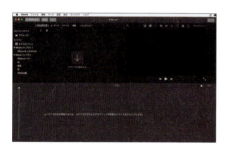

 メディアに戻る

「マイムービー」から素材を管理するメディア画面に戻るには、メニューバーから「ウインドウ」→「メディアへ移動」を選択します。なお、ビデオクリップ等の追加は、ムービー編集画面でも可能です。

「メディアへ移動」を選択する　　　　　　　　メディア画面に戻る

040

| Chapter 1 | 映像データをiMovieに取り込む |

プロジェクト画面から新規ムービーを作成する

　プロジェクト画面は、iMovieで編集している複数のプロジェクトを管理する一覧画面です。ここから新規ムービーを作成するには、次のように操作します。

1　「プロジェクト」を選択する

　モード切り替えボタンで、「プロジェクト」を選択します。

2　「新規作成」を選択

　プロジェクト画面に切り替わります。初めて表示した場合は、まだプロジェクトがありません。ここで■の「新規作成」をクリックします。

3　ムービーのタイプを選択する

　「ムービー」を作成するのか、「予告編」を作成するのかを選択するメニューが表示されます。ここで目的のタイプを選択します。

ムービー	ビデオクリップや写真、BGMなどを利用して、オリジナルなムービーを作成する。
予告編	テンプレートを利用して、プロ並みのような予告編ムービーを作成する。

どちらかを選択する

4　ライブラリを選択する

　新規ムービーのプロジェクトをどこに保存するか、ライブラリを選択します。

❶ライブラリを選択する
❷[OK]ボタンをクリックする

Chapter 1　映像データをiMovieに取り込む

5　「マイムービー」が表示される

「マイムービー」という名前で、新規ムービーが作成されます。

「予告編」を選んだ場合

「予告編」を選択すると、予告編のテンプレートを選択する画面が表示されます。なお、予告編の作成方法については、Chapter 4を参照してください。

1　「予告編」を選択する

作成するムービーのタイプを選択します。ここでは、「予告編」を選択します。

「予告編」を選択する

2　ライブラリを選択する

新規ムービーのプロジェクトをどこに保存するか、ライブラリを選択します。

❶ライブラリを選択する
❷[OK]ボタンをクリックする

3　「予告編」が表示される

「予告編」という、テンプレートの選択画面が表示されます。

Chapter 2

「テーマ」を利用して
簡単にムービーを作る

ビデオ編集が初めてというユーザーでも、迷うことな
くムービーを作れるのが「テーマ」を使った編集です。
トランジションやタイトル設定、BGM 設定など面倒
なこともすべて事前に用意されていて、必要な映像ク
リップさえ準備できれば、簡単にムービーが作れます。

Chapter 2　「テーマ」を利用して簡単にムービーを作る

2-1 「テーマ」を利用してムービーを作る手順

iMovieの「テーマ」は、ビデオ編集で手間の掛かる作業を行わなくてもムービーが作れるように工夫された機能です。ビデオ編集が初めてのユーザーでも、確実にムービーが作成できます。

「テーマ」で作るムービー

　ビデオの編集をしたことはないけど、すぐにムービー作品が必要、あるいはネットでムービーを公開したいけどカッコイイムービーが作りたい。こんなわがままな要求にこたえてくれるのが、「テーマ」を利用したムービー作りです。

◎オープニングタイトル

◎本編

◎画面切り替え用のトランジション

◎エンドタイトル

テーマを利用したムービー作りの流れ

　テーマを利用したムービー作りでは、ビデオクリップの必要な範囲を指定し、そのクリップをプロジェクトに並べていくことでムービーが作成できます。タイトル設定やトラン

Chapter 2 「テーマ」を利用して簡単にムービーを作る

ジション設定など、初心者にはちょっと敷居の高い作業もテーマに用意されているので、ユーザーが行う必要はありません。

1 テーマを選んでプロジェクトを準備する

テンプレートとして用意されたテーマを選択します。テーマを選択すると、自動的にプロジェクトが準備されます。選択したテーマは、サムネイル内でアニメーションで確認できます。

2 クリップを配置する

イベントブラウザにあるビデオクリップから、必要な範囲を選択してプロジェクトに配置します。

3 トランジションは自動設定される

画面の切り替え効果として利用されるトランジションは、クリップとクリップの間に自動的に設定されています。

Chapter 2　「テーマ」を利用して簡単にムービーを作る

4 プロジェクトをアレンジする

　ビデオクリップの配置だけでムービーは完成します。さらに、オリジナリティをアップするためのアレンジなどを施すことも可能です。

Point　予告編とテーマの使い分け

　「新規プロジェクト」では、プロジェクトテーマと予告編の2つのカテゴリーがあります。このうち予告編は、映像をはめ込むだけでムービーができあがりますが、ムービーの再生時間などの骨子は変更できません。それに対してプロジェクトテーマでは、映像を入れる器、見せ方のデザインが決まっているだけで、ビデオの再生時間やストーリーの流れなどはユーザー自身が決められます。予告編よりカスタマイズの自由度が高く、より手軽にオリジナルのムービーを作ることができます。

Chapter 2　「テーマ」を利用して簡単にムービーを作る

2-2 新規ムービーの準備とテーマの選択

これから作成するムービー用に、「新規ムービー」でプロジェクトを準備します。プロジェクトが準備できたら、作成したいムービーに適したテーマを選択します。

新規ムービーを準備する

「新規ムービー」をプロジェクト画面から作成し、プロジェクトを準備します。

1 「新規作成」をクリック

モード切り替えボタンで、「プロジェクト」を選択して、プロジェクト画面を表示します。ここで、■の「新規作成」をクリックします。

2 「ムービー」を選択する

ムービーのタイプを選択するメニューで、「ムービー」を選択します。

「ムービー」を選択する

3 ライブラリを選択する

新規ムービーのプロジェクトをどこに保存するか、ライブラリを選択します。

❶ライブラリを選択する
❷[OK]ボタンをクリックする

047

Chapter 2　「テーマ」を利用して簡単にムービーを作る

4　「マイムービー」が表示される

「マイムービー」という名前で、新規ムービーが作成されます。

15種類のテンプレートからテーマを選ぶ

プロジェクトテーマは、15種類のテーマが用意されています。ここから、利用したいテーマを選択します。

1　イベントを選択する

iMovieに読み込んだイベントから、これから利用するイベントを選択します。ここでは、「鬼子母神」というイベントを選択しました。

これから利用するイベントを選択する

2　「テーマ」選択ウィンドウを表示する

メニューバーから「ウインドウ」→「テーマセレクタ...」を選択すると、「テーマ」選択ウィンドウが表示されます。

「ウインドウ」→「テーマセレクタ...」を選択する

「テーマ」ウィンドウが表示される

| Chapter 2 | 「テーマ」を利用して簡単にムービーを作る |

3 テーマを選択する

表示されたウィンドウには、テーマのサムネイルが並んでいます。ここで、テーマを選びます。

❶サムネイルをクリックする
❷[変更]ボタンをクリックする

Tips テーマのプレビュー

テーマを選択すると、サムネイルの中央に右向きの三角マークが表示されます。これをクリックすると、テーマのサンプルがアニメーションされ、内容をプレビューできます。

 →

三角マークをクリックする　　　　　　　　　内容をプレビューできる

Tips イベントの変更

イベントを変更する場合は、ライブラリで利用したいイベント名を選択し、イベントブラウザでのサムネイルを確認します。

イベントを選択する

Chapter 2　「テーマ」を利用して簡単にムービーを作る

テーマを変更する

　一度設定したテーマは、後から自由に他のテーマに変更できます。なお、テーマの変更は、そのテーマで編集を行っている途中でも変更可能です。

1 「テーマ」選択ウィンドウを表示する

　メニューバーから「ウインドウ」→「テーマセレクタ…」を選択すると、「テーマ」選択ウィンドウが表示されます。

「ウインドウ」→「テーマセレクタ…」を選択する

2 テーマを選択する

　表示された「テーマ」選択ウィンドウから、利用したいテーマを選びます。

❶サムネイルをクリックする
❷[変更]ボタンをクリックする

Chapter 2 「テーマ」を利用して簡単にムービーを作る

2-3 プロジェクト名を設定する

利用するイベントや利用するテーマが決まったら、プロジェクト名を設定します。デフォルトでは「マイムービー」ですが、内容がわかりやすい名称に設定変更します。

プロジェクト名を設定する

　プロジェクト名はいつでも設定できますが、利用するイベントとテーマが決まった時点で設定しておくとよいでしょう。なお、iMovieは自動保存型のアプリケーションですので、とくに「保存」という作業はありません。

1　プロジェクトに戻る

　編集画面左上にある「＜プロジェクト」をクリックします。このボタンはプロジェクト画面に戻るためのボタンですが、初めてプロジェクト画面に戻るときに、名前を付けることができます。

「＜プロジェクト」をクリックする

2　プロジェクト名を入力する

　プロジェクト名を入力します。デフォルトは「マイムービー」です。

 →

名前を入力する　　　　　　　　　　　　　　　　[OK]ボタンをクリックする

051

3 プロジェクトが登録される

プロジェクト画面に、プロジェクトが登録されます。登録されたプロジェクトをダブルクリックしてください。

Tips プロジェクトの操作

プロジェクトの下に名前が表示されており、その右に●ボタンがあります。これをクリックすると、プロジェクトの操作メニューが表示されます。

4 編集画面が表示される

プロジェクトをダブルクリックすると、編集画面が表示されます。この場合、一度中断した編集を再開したという形になります。また、タイトル部分にプロジェクト名が表示されています。

| Chapter 2 | 「テーマ」を利用して簡単にムービーを作る |

2-4 ビデオクリップをタイムラインに配置する

テーマを選択してプロジェクトの準備ができたら、プロジェクトのタイムラインにビデオクリップを配置します。ビデオクリップの配置は、クリップをそのまま配置する方法と、ブラウザで必要な範囲を選択してから配置する方法があります。編集操作の基本ですので、しっかりと覚えましょう。

クリップをそのまま配置する

イベントブラウザで利用したいクリップを選択し、そのまま配置します。トラックへのクリップ配置の基本操作です。

1 クリップを選択する

ブラウザでクリップを選択します。マウスでクリップをクリックすると、そのクリップが黄色枠で囲まれます。また、クリップ右下には⊞ボタンが表示されます。

クリップを選択する

❶ファイル名
❷クリップのデュレーション
❸クリップのスタート位置（イン点）
❹クリップの終了位置（アウト点）
❺配置用の編集ボタン

「デュレーション」とは

「デュレーション」というのはビデオ編集の用語で、クリップの再生時間のことをいいます。簡単にいえば、クリップの長さですね。

「イン点」と「アウト点」

クリップの開始する位置を「イン点」、クリップの終端を「アウト点」といいます。

Chapter 2 「テーマ」を利用して簡単にムービーを作る

2 ボタンクリックで配置

+ボタンをマウスでクリックすると、タイムラインに選択したクリップの全体が配置されます。または、クリップをタイムラインにドラッグ&ドロップしても配置できます。

+ボタンをクリックする

3 タイムラインに配置される

選択したクリップがタイムラインに配置されます。なお、タイムラインに配置したブラウザのクリップには、下部にオレンジ色のラインが表示されます。また、タイムラインに配置したクリップの上には、テンプレートの効果が設定されています。

❶配置するクリップ
❷テンプレートの効果
❸配置されたクリップ
❹再生ヘッド

4 効果を確認

再生ヘッドをタイムラインクリップの上に合わせると、その位置の効果がプレビューウィンドウに表示されます。

❶再生ヘッドを合わせる
❷映像と効果が表示される

クリップを範囲指定して配置する

イベントブラウザでクリップを選択し、利用したい範囲を選択して配置することもできます。ただ、タイムラインにクリップを配置してからも範囲指定できるので、必ずしも配置

| Chapter 2 | 「テーマ」を利用して簡単にムービーを作る |

するときに行う必要はありません。なお、クリップの範囲を指定する操作を「トリミング」といいます。

1 クリップを拡大する

ブラウザでの作業がしやすいように、クリップの表示を拡大します。

❶ボタンをクリックする
❷右にドラッグする

クリップが拡大される

2 開始位置(イン点)を決める

イベントブラウザのクリップ上にマウスを合わせると、オレンジ色のラインが表示されます。これが「再生ヘッド」で、マウスを左右にスキミングして範囲の開始位置を見つけます。ここでキーボードの I キーを押すと、イン点が設定されます。

マウスをスキミングして開始位置を見つける

再生ヘッド位置の映像が表示される

イン点を設定する

055

Chapter 2 「テーマ」を利用して簡単にムービーを作る

3 終了位置（アウト点）を決める

マウスをスキミングして、範囲の終わり（アウト点）を見つけます。プレビューで確認しながらキーボードの[O]キーを押すと、黄色い枠の終了位置（アウト点）が設定されます。同時に、[+]ボタンが表示されます。

終了位置（アウト点）を決める

4 範囲を調整する

クリップに黄色い枠が表示されています。この黄色い枠内が、選択された範囲になります。マウスで枠の左右のちょっと膨らんだところをドラッグすると、範囲を調整できます。このとき、現在どれくらいの長さ（デュレーション）なのかが表示されます。

ちょっと膨らんでいるところをドラッグする

❶黄色い枠の幅が変更される
❷長さ（デュレーション）が表示される

Point　もっと簡単に範囲を指定

簡単に範囲を指定する方法として、キーボードの[R]キーを押しながらドラッグしてください。ドラッグした範囲が選択されます。

Chapter 2 「テーマ」を利用して簡単にムービーを作る

クリップをプロジェクトに配置する

クリップの範囲指定ができたら、指定した範囲をプロジェクトにドラッグ&ドロップします。これで、クリップがプロジェクトに配置されます。

1 選択範囲のクリップを配置する

選択した黄色い枠内の田ボタンをクリックすると、タイムラインの再生ヘッドの後にクリップが配置されます。クリップはドラッグ&ドロップしても配置できます。

田ボタンをクリックする　　　　　　クリップが配置される

2 効果が自動設定される

プロジェクトにクリップを配置すると、テンプレートの効果が自動的に設定されます。

プロジェクトに配置したクリップ　　　デザインが反映されている

3 利用範囲がラインで表示

ビデオクリップを配置すると、イベントブラウザのクリップには、どの範囲を利用したのかを示すマーカーが、オレンジ色のラインで表示されます。

プロジェクトに利用した範囲

Chapter 2　「テーマ」を利用して簡単にムービーを作る

さらにクリップを配置する

続けてクリップを配置します。なお、最後のクリップには、テンプレートの効果が前のクリップから移動して常時配置されます。

クリップを配置する

タイムラインの拡大／縮小

複数のクリップを配置すると、プロジェクト全体の見通しが悪くなります。このような場合は、タイムラインの表示サイズを拡大／縮小し、作業がしやすいように調整します。

スライダーをドラッグする

↓

表示サイズを調整する

058

トランジションが自動設定されている

　クリップをタイムラインに配置すると、クリップとクリップ間には、トランジションという場面転換用の効果が自動的に設定されます。トランジションの効果は、トランジション部分をスキミングすれば、ビューアで確認できます。

トランジションが自動配置される

トランジション部分をスキミングする

効果を確認できる

エンドタイトルも完成

　ムービーの最後に表示されるエンドタイトルも設定されています。このタイトル効果は2つ目のクリップを配置したときから設定されていて、ビデオクリップの配置を止めた時点で、最後のクリップに設定されています。

エンドタイトルが設定されている

Chapter 2 「テーマ」を利用して簡単にムービーを作る

2-5 プロジェクトを再生する

タイムラインにクリップの配置が完了したら、プロジェクトを再生してみましょう。再生方法は複数あるので、主な方法について解説します。

タイムラインの先頭から再生する

タイムラインで編集中のムービーを、プロジェクトの先頭から再生してみましょう。

クリップの配置されたタイムライン

「表示」→「先頭から再生」を選択する

プロジェクトが再生される

Point プロジェクト全体の長さ

プロジェクト全体でどれくらいの長さ（デュレーション）があるのかは、タイムラインの上部中央に時間が表示されています。

❶左:再生ヘッドのある位置
❷右:全体の長さ（デュレーション）

060

Chapter 2 　「テーマ」を利用して簡単にムービーを作る

再生開始位置を指定して再生する

　タイムライン上で再生位置を指定して再生開始するには、再生ヘッドを任意の位置に配置し、プレビュー画面で表示コントロールの[再生]ボタン▶をクリックするか、キーボードのスペースバーを押して再生を行います。

❶再生を開始したい位置でタイムラインをクリックする
❷[再生]ボタン▶をクリックする

Point 再生ヘッドの移動

　表示コントロールの[前へ]、[次へ]ボタンをクリックすると、再生ヘッドをクリップの先頭、終端へとジャンプさせることができます。この操作は、キーボードの矢印キーが対応しています。

❶[前へ]ボタン（ ↑ キー）
❷[次へ]ボタン（ ↓ キー）

[次へ]ボタンをクリックするごとに、再生ヘッドがジャンプする

Chapter 2 「テーマ」を利用して簡単にムービーを作る

Tips フルスクリーンで再生する

表示コントロールの[フルスクリーンで再生]ボタン■をクリックすると、モニターいっぱいにムービーを表示したフルスクリーン状態で再生できます。フルスクリーン表示を終了する場合は、[esc]キーを押すか、表示コントロールの[フルスクリーンを解除]ボタン■をクリックします。

[フルスクリーンで再生]ボタン

[フルスクリーンを解除]ボタン

Tips ビデオ再生用ショートカットキー

ビデオの再生	スペースバー
選択範囲を再生する	スラッシュ([/])
先頭から再生する	円記号([¥])
再生ヘッドを1フレーム進める	[→]キー
再生ヘッドを1フレーム戻す	[←]キー
ブラウザでのクリップの再生中に、次のクリップに進む	[↓]キー
クリップの再生中に、現在のクリップの先頭に戻る	[↑]キー
選択した項目をフルスクリーンで再生する	[shift]+[⌘]+[F]キー
フルスクリーン表示を終了する	[esc]キー

速度エディタを利用して再生する

iMovieは、さまざまな再生機能を備えています。その1つが、「速度エディタ」による再生です。ここでは、速度エディタでの再生方法について解説します。

クリップをスロー再生する

「速度エディタ」を利用すると、とてもスムーズなスロー再生ができます。

❶クリップを選択する
❷右クリックして「速度エディタを表示」を選択する

速度スライダーが表示される

062

| Chapter 2 | 「テーマ」を利用して簡単にムービーを作る |

❸[速度]ボタン■が表示される
❹■をクリックする
❺再生速度を選択する

カメのマークが表示されるので、このクリップを再生する
（「速く」の場合はウサギのマーク）

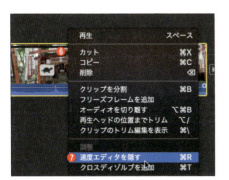

❻右クリックする
❼「速度エディタを隠す」を選択する

メニューバーからスロー再生を選択する

メニューバーからスロー再生を実行する場合は、タイムラインでクリップを選択して「変更」→「スローモーション」を選択し、表示されたサブメニューから速度を選択します。

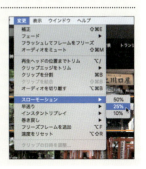

クリップを高速再生する

先に紹介した「速度エディタ」で、再生速度の「2x、4x、8x、20x」を選ぶと、高速再生（早送り）できます。なお、再生速度に応じて、クリップの幅も変更されます。また、クリップ中央には、ウサギのアイコンが表示されます。

高速な再生速度を選択する

063

Chapter 2 「テーマ」を利用して簡単にムービーを作る

Tips メニューバーから高速再生を選択する

メニューバーから高速再生を実行する場合は、タイムラインでクリップを選択して「変更」→「早送り」を選択し、表示されたサブメニューから速度を選択します。

クリップを逆再生する

クリップを逆再生する場合は、速度エディタの「逆再生」チェックボックスをオンにします。

［逆再生］のチェックボックスをオンにする

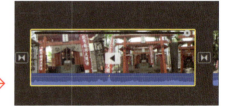
逆再生マークが表示される

ムービーをループ再生する

編集中のムービーを先頭から最後まで表示したら、再度先頭から再生するループ再生もできます。

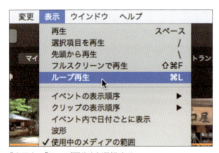
「表示」→「ループ再生」を選択する

Chapter 2 「テーマ」を利用して簡単にムービーを作る

タイムラインの表示サイズを変更する

　タイムラインとブラウザの境界にマウスを合わせると、マウスの形が変わります。そのまま上下にドラッグすると、それぞれの表示サイズを変更できます。

マウスの形が変わる

表示サイズが変わる

Tips キーボードショートカットのすすめ

　タイムラインを再生する場合、キーボードショートカットの利用をおすすめします。簡単で素早く再生操作が行えます。

再生	スペースバー、[L]キー（キーを押すごとに2倍速、3倍速と変化）
停止	スペースバー、[K]キー
巻き戻し	[J]キー（キーを押すごとに逆2倍速、逆3倍速と変化）

Chapter 2 「テーマ」を利用して簡単にムービーを作る

2-6 プロジェクトをバックアップする

プロジェクトの編集が一応終了しても、さらに編集を続けたい場合、プロジェクトをバックアップしておくと、万が一操作を間違えてプロジェクトが目的の効果と違ってしまっても、いつでも元に戻すことができます。

プロジェクトの複製を作成する

　プロジェクトライブラリでは、編集中のプロジェクトを管理できます。たとえば、プロジェクトの複製を作成することもできます。この後解説するテーマの変更などを行う場合、思いがけないエラーの発生を考慮して、複製を作成しておくことをおすすめします。

1 プロジェクトを表示する

　プロジェクト編集中の場合、「＜プロジェクト」をクリックするか、「ウインドウ」→「プロジェクトへ移動」を選択します。

「＜プロジェクト」をクリックする、または「ウインドウ」→「プロジェクトへ移動」を選択する

2 「プロジェクトを複製」を選択する

　表示されたプロジェクトのうち、複製を作成したいプロジェクトの[設定]ボタン●をクリックし、表示されたメニューから「プロジェクトを複製」を選択します。

「プロジェクトを複製」を選択する

066

Chapter 2　「テーマ」を利用して簡単にムービーを作る

3　プロジェクトの複製が作成される

プロジェクトの複製が作成されます。複製されたプロジェクトは、名前の後に数字が設定されます。

プロジェクトの複製が作成される

Tips　イベントのデータをバックアップしたい

ライブラリに取り込んであるイベントから、特定のイベントデータをバックアップしたい場合は、ライブラリから必要なイベントのフォルダーをコピーします。iMovieのライブラリファイル上で右クリックし、メニューから「このパッケージの内容を表示」を選択してください。ライブラリ内のイベントがフォルダーで表示されるので、必要なフォルダーをコピーします。

Chapter 2　「テーマ」を利用して簡単にムービーを作る

2-7 プロジェクトをアレンジする

クリップの配置が終了すれば、とりあえずテーマを利用したプロジェクトの編集は終了です。しかし、さらにアレンジが可能で、クリップの入れ替えや追加、トランジションの追加や変更など、自分なりにカスタマイズが可能です。iMovieの操作に慣れてきたら、チャレンジしてみてください。

タイトル文字を変更する

プロジェクトのメインタイトルには、テーマ選択時に設定したプロジェクト名が自動設定されています。このタイトル名を変更してみましょう。

1 タイトルバーを選択する

インタイトルのタイトルバー部分をダブルクリックします。ビューアのタイトル部分が、文字入力モードに切り替わります。

タイトルバーをダブルクリックする

文字入力モードに切り替わる

2 文字を修正する

タイトル文字を、ビューア上で修正します。

タイトル文字を修正する

Chapter 2 「テーマ」を利用して簡単にムービーを作る

3 修正を確定する

文字修正が終了したら、[適用]ボタン◎をクリックしてください。修正が確定します。

[適用]ボタン◎をクリックする

修正が確定する

プロジェクト名の変更

プロジェクトの名前も、ムービーに合わせて修正しておきましょう。プロジェクト名をダブルクリックすると、修正モードに変わります。プロジェクト画面で変更します。

名前部分をダブルクリックして変更する

クリップの順番の入れ替え／追加／削除

タイムラインに配置したクリップは、順番を入れ替えたり、追加や削除などもできます。こうした作業を行うことで、ムービーのストーリーができあがります。

クリップの順番を入れ替える

順番を入れ替えたいクリップをクリックして選択します。選択したクリップをドラッグすると、挿入したい位置に青色の枠が表示されます。この枠が表示された位置でマウスボタンを離すと、その位置にクリップが移動します。

移動したいクリップを選択する

ドラッグ先に青色の枠が表示される

クリップが移動する

069

Chapter 2 「テーマ」を利用して簡単にムービーを作る

クリップを追加する

　クリップとクリップの間に、イベントブラウザからクリップを選択して追加してみましょう。イベントブラウザで、利用したいクリップを範囲指定します。範囲指定したクリップは、プロジェクトの挿入したい位置にドラッグ&ドロップして追加します。

❶クリップの範囲を選択する
❷ドラッグ&ドロップする

クリップを削除する

　プロジェクトに配置したクリップのうち、不要なクリップは、クリップを選択して右クリックし、表示されたメニューから「削除」を選択して削除します。

❶右クリックする
❷「削除」を選択する

 delete キーで削除する

削除したいクリップを選択し、delete キーを押しても削除できます。

070

Chapter 3

オリジナルなムービー
を作る

このChapterでは、iMovieを利用してオリジナル
なムービーを作成する手順について紹介します。プ
ロジェクトの設定やクリップのトリミング、トランジショ
ンの設定、BGMの設定など、iMovieの編集機能を
思う存分活用した編集方法を解説します。オリジナ
ルムービー作りのための基本操作です。

Chapter 3　オリジナルなムービーを作る

3-1 新規プロジェクトを設定する

オリジナルなムービーを作成するには、テーマを利用せずにプロジェクトを作成します。プロジェクトには、ムービー編集中のすべての情報が記録されます。まず最初に、作成するムービーの器となるプロジェクトを新規に設定しましょう。

プロジェクトの新規作成

　オリジナルなムービーを作成するには、最初にプロジェクトの設定から始めます。プロジェクトというのは、これから作成するムービーに関するすべての情報を入れるための「器」です。

　また、プロジェクトはイベントと関連づけて作成されますが、1つのイベントには、複数のプロジェクトを関連づけることができます。

1　イベントの準備と選択

　これから作成するムービーで利用する映像素材を、イベントとしてライブラリに登録しておきます。画面では「SL」というイベントを作成し、そこに素材データを保存しています。

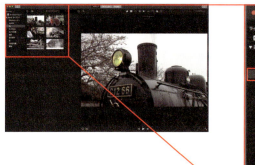

| Chapter 3 | オリジナルなムービーを作る |

2 プロジェクト画面を表示する

新規プロジェクトを作成するために、プロジェクト画面を表示します。画面上部の「プロジェクト」を選択するか、メニューバーから「ウインドウ」→「プロジェクトへ移動」を選択します。

3 「新規作成」で「ムービー」を選択する

プロジェクト画面が表示されたら「新規作成」■をクリックし、「ムービー」を選択します。

「新規作成」■をクリックする   「ムービー」を選択する

4 ライブラリを選択する

ライブラリが複数ある場合は、プロジェクトを登録するライブラリを選択し、[OK]ボタンをクリックします。ライブラリが1つしかない場合は、このダイアログボックスは表示されません。

❶ライブラリを選択する
❷[OK]ボタンをクリックする

073

| Chapter 3 | オリジナルなムービーを作る |

5 「マイムービー」が表示される

「マイムービー」とタイトルのある編集画面が表示されます。

プロジェクト名を設定する

ウィンドウのタイトルに「マイムービー」と表示されている場合は、この名前がプロジェクト名で、まだオリジナルなプロジェクト名が設定されていません。ここでプロジェクト名を設定します。たとえば、「機関車の旅」と名前を設定してみます。

1 「＜プロジェクト」をクリックする

画面左上にある「＜プロジェクト」をクリックします。

2 プロジェクト名を入力する

初めて「＜プロジェクト」をクリックすると、プロジェクト名設定ダイアログボックスが表示されるので、「名前:」のテキストボックスに名前を入力して[OK]ボタンをクリックします。表示されなくても、プロジェクト画面で設定できます。

名前を入力する

[OK]ボタンをクリックする

074

Chapter 3　オリジナルなムービーを作る

 プロジェクトを選択する

　プロジェクト画面が表示されたら、2の操作で入力した名前のプロジェクトがあるので、これをダブルクリックします。なお、この段階では、タイムラインにクリップを配置していないので、サムネイル映像は表示されません。

これをダブルクリックする

Tips　名前をさらに修正したい

　設定されたプロジェクト名には、「機関車の旅」という名前が設定されています。この名前をさらに変更したい場合は、名前部分をクリックして変更します。

 編集画面が表示される

　編集画面に戻ります。このとき、タイトル部分には設定した名前が表示されています。

075

Chapter 3　オリジナルなムービーを作る

3-2 タイムラインにビデオクリップを配置する

プロジェクトの準備ができたら、ブラウザから利用したいクリップを選択し、「タイムライン」に配置します。タイムラインに複数のクリップを配置し、並び順を変えたり、追加、削除を行ってストーリーを完成させます。

タイムラインに配置してからトリミングする

　ブラウザからタイムラインにクリップを配置する場合、利用する範囲を決める方法との関係で、大きく分けて2つのタイプがあります。なお、クリップの中から利用する範囲を決める作業のことを「トリミング」といいます。

　　1.タイムラインに配置してからトリミングする。
　　2.ブラウザでトリミングしてからタイムラインに配置する。

　このように、2つのタイプがあります。ここでは、1.の方法で解説します。なお、配置する前に内容をプレビューします。

1　クリップをプレビューする

　ブラウザでクリップをスキミングするか、クリックして選択し、ビューアで再生して内容を確認します。

スキーマー

スキーマー位置の映像

076

Chapter 3 オリジナルなムービーを作る

スキーマーを右にドラッグ

内容をプレビュー

2 タイムラインに配置する

　タイムラインに配置したいクリップをクリックすると、クリップ全体が黄色い枠で囲まれ、右下に⊞マークが表示されます。この⊞マークをクリックしてください。これで、タイムラインに配置されます。

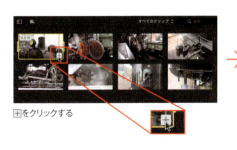
⊞をクリックする

タイムラインに配置される

Tips ドラッグ&ドロップで配置

　選択した範囲内にマウスを合わせ、そのままマウスをタイムラインにドラッグ&ドロップしても配置できます。

077

Chapter 3　オリジナルなムービーを作る

ブラウザで範囲を決めてから配置する

　ブラウザでクリップの必要な範囲を指定するトリミングを行ってから、タイムラインに配置してみましょう。

1　ブラウザのアピアランスメニューを表示

　ブラウザでトリミングがしやすいように、表示状態を変更します。アピアランスの[調整]ボタンをクリックして、表示されたメニューから「拡大／縮小」を調整します。

■ボタンをクリックする　　　　　　　　　　　　　　スライダーを調整する

2　表示状態が変わる

　クリップの拡大を行うと、必要な範囲を指定しやすくなります。

3　範囲を設定する

　スキミングで内容を確認し、Rキーを押しながらドラッグします。このとき、ドラッグした範囲が黄色い枠で表示され、同時に、指定した範囲の長さが秒数で表示されます。

Rキーを押しながらドラッグして範囲を決める

078

Chapter 3　オリジナルなムービーを作る

範囲を変更する

　黄色い枠の先頭や終端をドラッグすると、指定した範囲を変更できます。したがって、まずザックリと範囲を指定し、後から細かく調整するのがベストです。

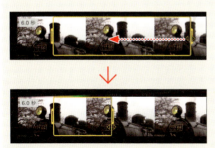

終端をドラッグして範囲を変更

4　タイムラインに配置する

　選択した範囲内にマウスを合わせると、範囲の右下に⊞マークが表示されます。これをクリックすると、指定した範囲がタイムラインに配置されているクリップの最後に配置されます。

⊞マークをクリックする

配置した範囲はオレンジ色

　タイムラインに配置したクリップの範囲は、クリップの下にオレンジ色のラインが表示されます。

タイムラインで利用している範囲

Chapter 3　オリジナルなムービーを作る

クリップを追加する

　タイムラインに、さらにクリップを追加します。クリップは、すでに配置されているクリップの後に追加されます。

❶クリップを選択する
❷＋をクリックする

クリップが追加される

タイムラインの表示サイズを拡大／縮小

　タイムラインに複数のクリップを配置すると、見通しが悪くなります。そのような場合は、ライムラインの表示サイズを拡大／縮小して調整します。調整は、「設定」のスライダーで行います。

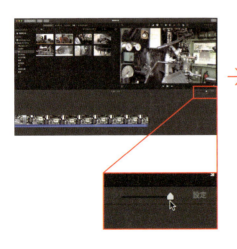 

クリップを挿入する

　iMovieでは、＋でのクリップ配置は、基本的にプロジェクトの一番最後に配置されます。そのため、希望する位置に配置するには、次のように操作します。

080

| Chapter 3 | オリジナルなムービーを作る |

クリップとクリップの間に挿入する

タイムラインに配置してあるクリップとクリップの間に、新しくクリップを追加するには、ドラッグ&ドロップでクリップを配置します。

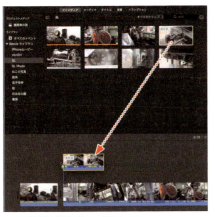

クリップとクリップの間に隙間ができるのでドロップする

↓

クリップが追加される

クリップを挿入位置にドラッグする

クリップの間に挿入する

すでに配置してあるクリップの上に別のクリップを重ねると、クリップを挿入するメニューが表示されます。ここで、挿入方法を選択します。

↓

メニューから「挿入」を選択する

↓

クリップが分割して挿入される

クリップの上にドラッグ&ドロップする

081

Chapter 3　オリジナルなムービーを作る

Point クリップの挿入位置

クリップが挿入される位置は、クリップをドラッグ&ドロップで重ねた際、重ねた位置に表示されるオレンジ色ラインの位置になります。

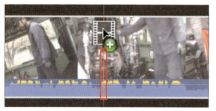

オレンジ色のライン

クリップを別のクリップで置き換える

クリップ上に別のクリップをドラッグ&ドロップで重ねた際、表示されたメニューから「置き換える」を選択すると、ドラッグ&ドロップしたクリップに置き換えられます。

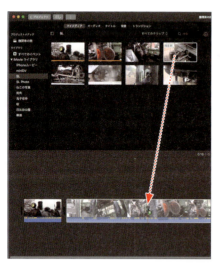

クリップをドラッグ&ドロップする

「置き換える」を選択する

クリップが置き換えられる

Chapter 3　オリジナルなムービーを作る

クリップを移動する

　クリップの並べ順の変更は、クリップをドラッグ&ドロップで移動させます。ストーリー作りには大切な作業です。

クリップをドラッグする

❶青い枠が表示される
❷ドロップする

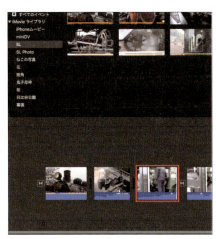
クリップが移動する

クリップを分割する

　クリップを任意の位置で分割します。たとえば、クリップの後半が不用な場合など、分割して削除するなどの方法が利用できます。

再生ヘッドをドラッグして分割位置に合わせる

❶クリップ上で右クリックする
❷「クリップを分割」を選択する

クリップが分割される

083

Chapter 3　オリジナルなムービーを作る

クリップを削除する

　ストーリー作りの中で不要になったクリップは、タイムラインから削除します。タイムラインのクリップを右クリックして「削除」を選択します。

❶削除したいクリップ上で右クリックする
❷「削除」を選択する

クリップが削除される

Tips　delete キーで削除する

クリップを選択して delete キーを押しても削除できます。

Point　クリップのサイズ変更

　タイムラインでの操作では、タイムラインの右上にある[設定]ボタンで表示されるメニューの「クリップのサイズ」によって、配置したクリップのサイズを調整できます。クリップの「拡大／縮小」と併せて利用します。

❶[設定]ボタンをクリックする
❷「クリップのサイズ」のスライダーを調整する

クリップサイズを大きくする　　　　　　　クリップサイズを小さくする

084

Chapter 3 オリジナルなムービーを作る

3-3 写真でプロジェクトを作成する

iMovieのタイムラインではビデオクリップだけでなく、写真などのイメージクリップも配置できます。この場合、タイムラインに配置したイメージクリップは「動画データ」として扱われます。いわゆる「フォトムービー」が作成できます。もちろん、動画との併用も可能です。

イメージクリップ（写真）用のプロジェクトを作成

iMovieのプロジェクトでは、ビデオクリップに写真などのイメージクリップも同じプロジェクトに配置して利用できます。この場合、写真は4秒の動画データとして扱われます。また、写真にはズームイン／ズームアウトやパンなどの動きが自動的に設定されます。いわゆるフォトムービーが作成できます。

1 イベントの準備と選択

フォトムービー用のイベントを準備します。

085

Chapter 3　オリジナルなムービーを作る

2　プロジェクトを設定する

　新規プロジェクトを作成します。手順は、「3-1 新規プロジェクトを設定する」と同じです。プロジェクト画面で「新規作成」■を選び、プロジェクト名を設定します。

プロジェクト画面に切り替える

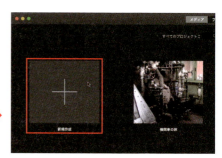
「新規作成」■をクリックする

「ムービー」を選択する

「＜プロジェクト」をクリックする

❶プロジェクト名を入力する
❷[OK]ボタンをクリックする

プロジェクトが設定されるので、ダブルクリックする

| Chapter 3 | オリジナルなムービーを作る |

3 編集画面が表示される

編集画面が表示されます。

編集画面が表示される

写真を配置する

編集画面が表示されたら、タイムラインに写真を配置します。ブラウザで写真を選択し、ボタンで配置します。

1 写真をタイムラインに配置する

ブラウザで写真を選択し、タイムラインに配置します。このとき、写真は4秒のムービーとして配置されます。

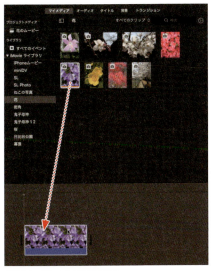

4秒のムービーとして配置される

Chapter 3 オリジナルなムービーを作る

2 動きが設定されている

タイムラインに配置した時点で、自動的に写真にはモーションが設定されています。縦位置の写真には上下のパンニングが、横位置の写真にはズームイン、ズームアウトなどが自動的に設定されています。動きはスキミングで確認できます。

スキミングする

花が下から上にパンニングする

写真の表示時間（継続時間）を調整する

写真は、初期設定で4秒間表示されるように設定されています。この表示時間を調整する場合は、トリミングで操作します。なお、表示時間のことを「継続時間」や「デュレーション」といいます。

クリップの先端や終端をドラッグする

伸ばした時間、縮めた時間が表示される

088

Chapter 3 オリジナルなムービーを作る

「Ken Burns」を調整する

iMovieでは、プロジェクトに写真を配置すると自動的にパンニングやズーミングが適用されます。この効果を「Ken Burnsエフェクト」といいますが、パンニングをズーミングに変えたり、動きの方向を変更するなどの調整が可能です。

元データ

自動的に下から上へのパン（ティルト）が設定されている

1 調整画面を表示する

プロジェクトの編集画面で、「Ken Burnsエフェクト」を調整したい写真をタイムラインで選択し、調整画面を表示します。

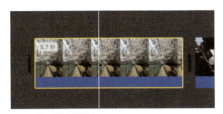

クリップ（写真）を選択する

［クロップ］ボタン をクリックする

089

Chapter 3 オリジナルなムービーを作る

調整画面が表示されるので、[Ken Burns]ボタンをクリックする

2 開始の位置、サイズを調整する

　最初に動きを開始する始点のサイズや位置を調整します。[開始]と表示されている白色の実線四角形の四隅をドラッグしたり、中央の[＋]マークをドラッグしてサイズや表示位置を調整します。

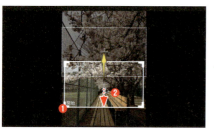

❶「開始」の枠をクリックする
❷[＋]マークを下にドラッグする

開始位置が移動する

3 終点の位置、サイズを調整する

　終点の位置・サイズは破線で[終了]と表示されています。破線内をクリックして白い実線に変え、同じように四隅や[＋]をドラッグして、サイズや位置を変更します。

破線内をクリックして実線に変える

表示位置やサイズを変更する

Chapter 3　オリジナルなムービーを作る

 設定を確認する

[再生]ボタン▶をクリックし、変更を確認します。設定に問題があれば、修正を行います。

[再生]ボタン▶をクリックする

動きを確認する

5　[適用]ボタンをクリックする

変更が終了したら、[適用]ボタン✓をクリックして設定変更を反映させます。

[適用]ボタン✓をクリックする

 再生時間を調整する

　　プロジェクトでKen Burnsの変更を行ったクリップを再生し、再生時間が遅かったり、あるいは速かった場合は、再生時間を調整します。

091

Chapter 3 オリジナルなムービーを作る

動画と静止画像の混在

タイムラインでは、写真とビデオの各クリップを混在して配置することができます。

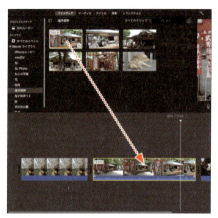

映像をドラッグ&ドロップで挿入する

ビデオクリップの中に静止画像（フリーズフレーム）を設定する

　タイムラインに配置したビデオクリップからは、特定のフレームを静止画像として設定することができます。この設定された静止画像を「フリーズフレーム」といいます。ただし、フリーズフレームの使い方にはちょっとしたコツが必要ですので注意してください。なお、ブラウザのクリップから静止画像として切り出すことはできません。

1 フレームを選択する

ビデオクリップをスキミングして、静止画像として設定したいフレームを見つけます。

設定したいフレームを見つける

| Chapter 3 | オリジナルなムービーを作る |

2 フレームとして追加する

　フレームを見つけたら、右クリックして「フリーズフレームを追加」を選択します。切り出されたフリーズフレームは、再生ヘッド位置でクリップが分割され、「挿入」という形で配置されます。

「フリーズフレームを追加」を選択する

静止画像として挿入される

「フリーズフレーム」の使い方

　「フリーズフレーム」は、実は静止画を切り出すための機能ではありません。ビデオ編集では、「ストップモーション」という効果のために利用する機能なのです。たとえば、動画の中で一瞬動きを止め、数秒後にまた動き出すという効果で利用します。

| Chapter 3 | オリジナルなムービーを作る |

3-4 ビデオクリップをトリミングする

ビデオクリップは、ブラウザからタイムラインに配置する際、範囲を選択していますが、基本的にはタイムラインに配置してからクリップの範囲を変更した方が、クリップの前後関係を調整しながら選択できます。これを「トリミング」、あるいは単に「トリム」といいます。

クリップの端をドラッグしてトリミングする

　タイムラインに配置したクリップのトリミングで最も基本的な操作は、クリップの先端や終端などの編集点をドラッグして行う方法です。このとき、再生ヘッドを活用すると、スムーズにトリミングできます。たとえば、先頭から不要な部分を削除する場合は、次のように操作します。

 →

❶先頭からスキミングしながら不要な範囲の終端を見つける
❷クリックして再生ヘッドを移動する
❸現在のデュレーション（長さの秒数）を確認

↙

❹クリップの先頭を再生ヘッド位置までドラッグする
❺デュレーションが変わっている

Point 「編集点」について

　クリップの先端や終端を、iMovieでは「編集点」と呼んでいます。また、ビデオ編集では、先端を「イン点」や「開始点」、終端を「アウト点」や「終了点」などとも呼んでいます。

Chapter 3　オリジナルなムービーを作る

ショートカットメニューからトリミングを実行する

　再生ヘッドとショートカットメニューの「再生ヘッドの位置までトリム」を利用してもトリミングできます。

❶トリミング位置までスキミング
❷クリックして再生ヘッドを配置する

❸クリップを右クリックする
❹「再生ヘッドの位置までトリム」を選択する

先頭が再生ヘッドの位置までトリミングされる

 トリミングの方向

- 再生ヘッドをクリップの前半に置くと、クリップの先頭からトリムされます。
- 再生ヘッドをクリップの後半に置くと、クリップの終端からトリムされます。

095

| Chapter 3 | オリジナルなムービーを作る |

詳細編集を利用してトリミングする

タイムラインには、「詳細編集」という機能が搭載されています。この機能を利用すると、クリップの先端、終端などの編集点の位置を変更して継続時間を調整したり、継続時間はそのままで利用する範囲を変更することなどができます。

1 詳細編集を表示する

タイムラインに配置したクリップの先端か終端をダブルクリックすると、詳細編集が表示されます。どちらをダブルクリックするかは、編集したい場所で決めます。

- クリップの前半をトリミングしたい→先頭をダブルクリック
- クリップの後半をトリミングしたい→終端をダブルクリック

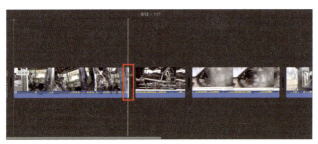

終端をダブルクリックする

詳細編集で表示される

2 目的のクリップのみトリミングする

対象クリップの後半をトリミングします。後半部分はやや暗くなっていますが、この範囲がトリミング対象で、表示されない範囲です。クリップの中央あたりに編集ラインがある

Chapter 3　オリジナルなムービーを作る

ので、これを右にドラッグして、表示範囲を調整します。このとき、2段目にある後半のクリップも同時に移動します。

右にドラッグする

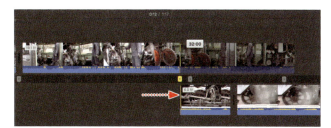

一緒に移動する

3　後ろのクリップも同時にトリミングする

1段目と2段目の間に、四角い編集ポイント が表示されています。これをドラッグすると、1段目のクリップと2段目のクリップが同時にトリミングされます。この場合、先頭のクリップのトリミング幅に応じて、2段目のクリップが短くなります。これによって、プロジェクト全体の長さ（デュレーション）を変えずにトリミングできます。

❶右にドラッグする
❷長くなる
❸短くなる

097

Chapter 3　オリジナルなムービーを作る

 詳細編集を終了する

詳細編集を終了する場合は、「詳細編集を閉じる」×をクリックして終了します。

×をクリックする

Tips 詳細編集を終了する

詳細編集モードを終了する場合、returnキーを押しても終了できますし、また、タイムラインのクリップのない場所をマウスでクリックしても終了できます。どの方法で終了しても同じですので、操作しやすい方法で終了してください。

| Chapter 3 | オリジナルなムービーを作る |

3-5 トランジションを設定する

「トランジション」は、クリップとクリップが切り替わるときに利用する効果で、場面転換用の効果として利用します。ただし、トランジションの多用は、見づらいムービーに仕上がってしまうので、使い過ぎには注意が必要です。

トランジションを設定する

　トランジションを利用すると、クリップが切り替わる際にアニメーション効果が適用され、唐突な場面転換を避けることができます。

◎トランジションなしの場合

◎トランジションありの場合

Chapter 3　オリジナルなムービーを作る

1　「トランジションライブラリ」を表示する

　ライブラリリストの下にあるサイドバーの「コンテンツライブラリ」セクションで「トランジション」をクリックすると、利用できるトランジションが一覧表示されます。ここには、24種類のトランジションが登録されています。

「トランジション」を選択する

トランジションが表示される

Point　テーマのトランジション

　テーマを利用していると、テーマごとに独自のトランジションも利用できるようになります。

テーマ「フィルムストリップ」の独自のトランジション

2　トランジションを選択する

　ブラウザのトランジションでサムネイルにマウスを合わせてスキミングすると、ビューアでトランジション効果が確認できます。ここで、利用したいトランジションを選びます。

サムネイルをスキミングする

トランジションを確認する

100

| Chapter 3 | オリジナルなムービーを作る |

3 トランジションを配置する

選択したトランジションを、タイムラインに配置したクリップとクリップの間にドラッグ&ドロップします。

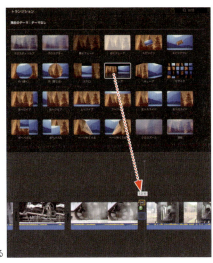

クリップとクリップの間にドラッグ&ドロップする

4 トランジション効果を確認する

トランジションを設定すると、クリップとクリップの間に四角形のアイコンが表示されます。この四角形の上をスキミングすると、トランジション効果を確認できます。

設定されたトランジション　　　　　　　　　スキミングする

トランジションを確認できる

 矢印キーを利用する

矢印キーの ← → を使うと、1フレームごとの動きを確認できます。

101

Chapter 3　オリジナルなムービーを作る

トランジションを自動設定する

トランジションを自動設定することも可能です。この場合、全てのクリップの間に、ランダムにトランジションが自動設定されます。

❶ [設定]ボタンをクリックする
❷ 「自動コンテンツ」のチェックボックスをオンにする

設定前

設定後

クロスディゾルブを設定する

「クロスディゾルブ」は、トランジションの中で最もポピュラーなものです。このクロスディゾルブに関しては、通常の設定方法の他に、コマンドメニューからも設定できます。

102

Chapter 3　オリジナルなムービーを作る

クロスディゾルブを設定したい位置の前後にある、どちらかのクリップの端をクリックして選択する

「編集」→「クロスディゾルブを追加」を選択する

トランジションが設定される

トランジションを変更する

　タイムラインに設定したトランジションを別のトランジションに変更するには、「トランジションライブラリ」を表示して、利用したい新しいトランジションを既存のトランジションの上にドラッグ&ドロップします。

トランジションをドラッグする

マウスが緑色のボタン●に変わったらドロップする

103

トランジションの継続時間を調整する

　初期設定では、トランジションの継続時間が1秒に設定されています。これでは短いという場合は、「調整」にある「クリップ情報」から変更します。

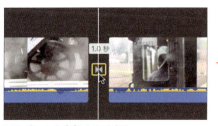 

トランジションをダブルクリックする　　❶継続時間を変更する
　　　　　　　　　　　　　　　　　　❷[適用]ボタンをクリックする

Tips すべてのトランジションに適用する

　設定した継続時間をすべてのトランジションに適用するには、[すべてに適用]ボタンをクリックします。

トランジションを削除する

　設定したトランジションが不要になった場合は、トランジションを選択して delete キーで削除します。

削除したいトランジションを選択する

delete キーを押して削除する

| Chapter 3 | オリジナルなムービーを作る |

クリップの先頭や終端にトランジションを設定する

　トランジションは、基本的にはクリップとクリップの間に設定します。しかし、iMovieのトランジションは、プロジェクトの先頭と終端にも設定できます。
　たとえば、プロジェクトの終端にトランジションの「黒にフェード」を設定すると、映像が黒い背景に消えていくというような効果を楽しめます。いわゆるフェードアウトが設定できます。

「黒にフェード」を選択する

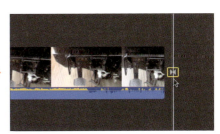

終端に配置する

105

| Chapter 3 | オリジナルなムービーを作る |

先頭にスワップを設定

プロジェクトの先頭にも、「クロスディゾルブ」を設定すればフェードイン効果を利用できます。また、「スワップ」などを設定すると、オリジナリティのあるオープニングになります。

「スワップ」を設定する

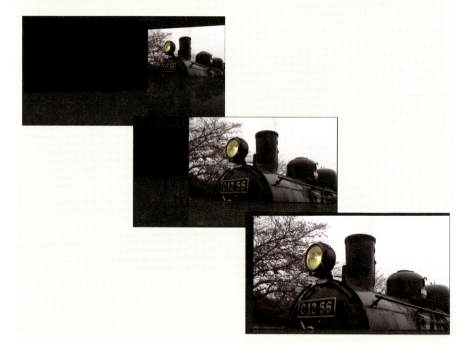

| Chapter 3 | オリジナルなムービーを作る |

3-6 ビデオクリップを詳細編集する

iMovieの「詳細編集」機能を利用すると、クリップの編集点やトランジションの継続時間、あるいはオーディオデータだけの編集点の変更などができます。ここでは、詳細編集の利用方法について解説します。

詳細編集を表示する

「詳細編集」では、クリップの開始点と終了点の変更や、クリップ間に設定したトランジションの継続時間の調整などを1画面内でまとめて行うことができます。また、オーディオデータのみの開始点や終了点を変更することも可能です。

クリップの端をダブルクリックする

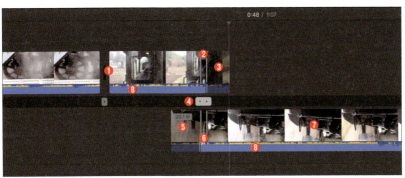

詳細編集が表示される
❶先行クリップ
❷クリップのアウト点
❸トリミング部分
❹トランジション
❺トリミング部分
❻クリップのイン点
❼後続クリップ
❽オーディオデータ

Chapter 3 オリジナルなムービーを作る

「波形を表示」をオン/オフする

オーディオデータを表示するには、タイムラインにある[設定]ボタンをクリックし、「波形を表示」のチェックボックスをオンにしておきます。

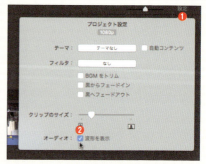

❶[設定]ボタンをクリックする
❷チェックボックスをオンにする

編集する場所を変更する

詳細編集で編集する場所を変更する場合は、クリップとクリップの接合点に表示されている■ボタンをクリックしてください。

■ボタンをクリックする

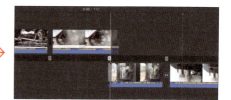

編集場所を変更できる

詳細編集を終了する

詳細編集を終了するには、returnキーを押します。あるいは、クリップのない部分をクリックするか、「詳細編集を閉じる」の✕ボタンをクリックしても終了できます。

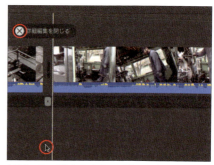

何もないところとクリックする、または✕ボタンをクリックする

108

| Chapter 3 | オリジナルなムービーを作る |

クリップの編集点を変更する

　クリップの開始点や終了点などの編集点は、表示されている白い編集ラインを選択すると黄色いラインに変わるので、ドラッグして調整します。なお、先行クリップの終了点を変更すると、同時に後続クリップの開始点やトランジションの位置も変更されます。

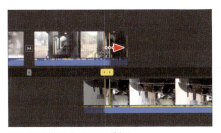

終了点の編集ラインをドラッグする

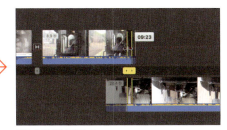

終了位置が変更される

トランジションの継続時間を調整する

　トランジションの継続時間を変更するには、次のような方法があります。

◎**トランジションの継続時間を短くする**
- 先行トランジションのハンドルを左にドラッグする
- 後続トランジションのハンドルを右にドラッグする

◎**トランジションの継続時間を長くする**
- 先行トランジションのハンドルを右にドラッグする
- 後続トランジションのハンドルを左にドラッグする

ハンドルを左にドラッグする

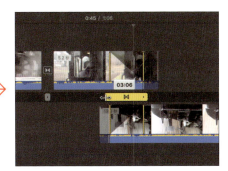

トランジションが拡張する

トランジションの位置を変更する

トランジションの中央をドラッグすると、トランジションの設定位置を変更できます。

中央をドラッグする

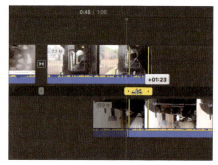
位置を変更できる

オーディオの編集点を変更する

　詳細編集では、オーディオの編集点だけを変更することもできます。この場合、ビデオ映像の編集点は変わりません。これによって、次のような設定ができます。

- 先行クリップのオーディオを次のビデオクリップでも引き続き再生したい。
- 後続クリップのオーディオをビデオよりも早く再生し始めたい。

　たとえば、「後続クリップのオーディオをビデオよりも早く再生し始めたい」場合は、次のように操作します。この場合、先行クリップの音と映像に、後続クリップの音だけがミックスして再生されます。

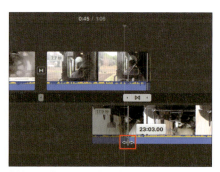
後続クリップのオーディオ編集点を選択する

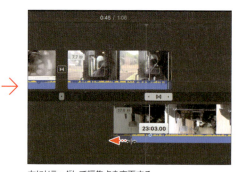
左にドラッグして編集点を変更する

| Chapter 3 | オリジナルなムービーを作る |

3-7 クリップフィルタを設定する

ビデオクリップ全体に特殊な効果を設定する機能が、「クリップフィルタ」です。クリップフィルタを利用すると、ビデオクリップに古いフィルムやセピア、X線といった特殊な効果を簡単に設定できます。

クリップフィルタを設定する

iMovieには、30種類のクリップフィルタが用意されています。これを利用すれば、ワンタッチでビデオや写真に特殊な効果を設定できます。

フィルタの「ダブルトーン」を設定したクリップ

1 「エフェクト」パネルを表示する

タイムラインでエフェクトを設定したいクリップを選択し、ツールバーから「クリップフィルタとオーディオエフェクト」■→「クリップフィルタ」を選択してください。「クリップフィルタ」パネルが表示されます。

クリップを選択する

❶ [クリップフィルタとオーディオエフェクト] ボタン■をクリックする
❷ [クリップフィルタ] をクリックする

「フィルタクリップ」パネルが表示される

111

Chapter 3　オリジナルなムービーを作る

2　フィルタを適用する

　パネル上のフィルタにマウスを合わせると、ビューアにその効果が表示されます。利用したい効果が見つかったら、フィルタのサムネイルをクリックしてください。選択した効果が設定されます。

効果にマウスを合わせる

効果が表示される

クリップフィルタを削除する

　設定したクリップフィルタを削除する場合は、[リセット]ボタンをクリックして削除します。なお、ツールバーには[すべてをリセット]ボタンもあります。このボタンをクリックすると、他の調整機能を併用している場合は、それらの設定も削除されてしまうので注意してください。

[リセット]ボタンをクリックする

112

Chapter 3　オリジナルなムービーを作る

クリップフィルタリスト

　クリップフィルタには、30種類のエフェクトが用意されています。

なし

反転

白黒

ノアール

サイレント

迷彩

ヒートウェーブ

ブロックバスター

113

Chapter 3　オリジナルなムービーを作る

ビンテージ

ウェスタン

フィルムグレイン

古いフィルム

セピア

ビネット

ロマンチック

アニメ

Chapter 3　オリジナルなムービーを作る

青

ブラスト

ハードライト

ブリーチバイパス

グロー

古代

フラッシュバック

ドリーミー

Chapter 3　オリジナルなムービーを作る

ラスタ

昼から夜へ

X線

ネガティブ

SF

ダブルトーン

Chapter 3　オリジナルなムービーを作る

3-8 ビデオクリップのカラーバランスを調整する

現在のビデオカメラはとても優秀で、撮影の失敗が少なくなりました。それでも、撮影状況によっては失敗してしまうことも。そのようなときは、iMovieの色補正で、簡単に補正しましょう。

「自動補正」でビデオとオーディオを自動調整する

　ツールバーの「自動補正」を利用すると、クリップに対して、ビデオの色補正とオーディオの補正を同時に実行し、最適な状態のクリップに補正してくれます。

補正前

補正後

➡ショートカットキー
| 自動補正 | shift + ⌘ + E キー |

クリップを選択する

❶「自動補正」をクリックする
❷関連ボタンもアクティブになる
❸補正が実行される

もう一度「自動補正」をクリックすると効果が無効になる

117

| Chapter 3 | オリジナルなムービーを作る |

> **Point** 2つの自動ボタンを利用した結果と同じ
>
> 「自動補正」では「カラーバランス」の[自動]ボタンと、「ボリューム」コントロールの[自動]ボタンの両方をクリックした場合と同じになります。

カラーバランスを自動補正する

　カラーバランスを自動的に調整するには、操作パネルから「カラーバランス」→「自動」を選択して調整します。操作は、タイムラインでクリップを選んでから行います。

補正前

補正後

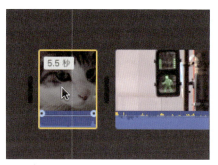
クリップを選択する

❶[カラーバランス]ボタン をクリックする
❷[自動]ボタンをクリックする

補正が実行される

もう一度[自動]ボタンをクリックすると効果が無効になる

Chapter 3　オリジナルなムービーを作る

ホワイトバランスを調整する

　ホワイトバランスを調整するには、[調整]から「カラーバランス」→「ホワイトバランス」を選択して調整します。操作は、タイムラインでクリップを選んでから行います。

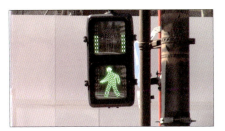
補正前

補正後

クリップを選択する

白く表現したい部分でスポイトをクリックする

❶ [カラーバランス]ボタン■をクリックする
❷ [ホワイトバランス]ボタンをクリックする

補正が実行される

[適用]ボタン●をクリックする

Tips 効果を無効にする

・設定した効果を取り消すには、ボタンをクリックします。
・一時的に効果を無効にするには、「入り」スライダーを「切り」側にドラッグします。

119

Chapter 3 オリジナルなムービーを作る

> **Point 「ホワイトバランス」について**
>
> ホワイトバランスというのは、「白を白として表示する機能」です。通常はビデオカメラの設定でほぼ大丈夫ですが、ときとして映像が赤みがかったり、あるいは青みがかってしまうことがあります。これを赤かぶり、青かぶりといいます。また、ビデオ撮影の場合、蛍光灯や白熱灯など照明の種類によって色合いのバランスが崩れてしまうこともあります。これらを修正するための機能が、「ホワイトバランス」です。

肌の色をきれいに表示する補正

肌の色をきれいに表現したい場合は、[スキントーンバランス]を利用してください。

補正前

補正後

クリップを選択する

❶ [カラーバランス]ボタン ❷ をクリックする
❷ [スキントーンバランス]ボタンをクリックする

[適用]ボタン ✓ をクリックする

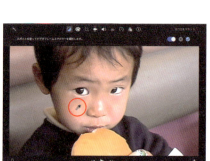
映像の肌の部分でスポイトをクリックすると補正が実行される

 効果を無効にする

設定した効果を取り消すには、[リセット]ボタン × をクリックします。

120

| Chapter 3 | オリジナルなムービーを作る |

マッチカラーを利用する

「マッチカラー」では、1つのクリップのカラーバランスを、他のクリップのカラーバランス設定値に適用するという機能です。ここでは、ホワイトバランス調整を行ったクリップの設定値を利用する方法で解説します。

補正前

補正後

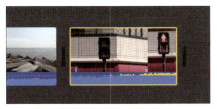
カラーバランス調整したいクリップを選択する

❶ [カラーバランス]ボタン■をクリックする
❷ [マッチカラー]ボタンをクリックする

補正を実行したクリップのフレーム部分にスポイトを合わせる

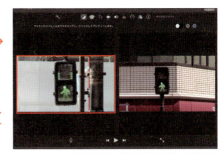
画面でフレームを確認(左)。問題がなければスポイトをクリックする

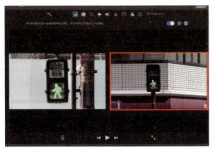
設定が適用される(右)

補正後、[適用]ボタン✓をクリックする

121

「色補正」を手動で利用する

　色補正を手動で行いたい場合は、「調整」にある「色補正」を利用します。たとえば、色合いを自分の好みに合わせたい、あるいは好みの色作りをしたいといったときに利用します。やや高度なテクニックになりますが、覚えると思い通りの色作りができるようになります。なお、独自な調整スライダーを搭載しているので、これを利用して調整します。

補正前　　　　　　　　　　　　　　　補正後

❶「シャドウ」で暗い領域を調整
❷「コントラスト」で明るいところ、暗いところの差を調整（❹と連動）
❸「ブライトネス」で明るさを調整
❹「コントラスト」で明るいところ、暗いところの差を調整（❷と連動）
❺「ハイライト」で明るい領域を調整
❻クリップの彩度（鮮やかさ）を調整
❼色温度を調整

カラー補正したいクリップを選択する

［色補正］ボタン をクリックする　　　　スライダーをドラッグして色補正する

122

Chapter 3 オリジナルなムービーを作る

3-9 ビデオを切り取って拡大する「クロップ」を実行する

ビデオ編集の機能の中には、ビデオの特定の部分を切り取って拡大し、クリップとして利用することができます。ビデオカメラではなく、ビデオ編集で行うデジタルズーム機能と思えばよいでしょう。

クロップについて

「クロップ」というのは、画像や映像の特定の部分を切り抜き、その部分を拡大する処理のことをいいます。簡単にいえば映像のズーム操作ですね。iMovieでは、この「クロップ」機能が標準搭載されています。ビデオの他、写真をクリップとして利用したときも、このクロップ機能は、写真のトリミングに効果的です。

クロップ前

クロップ後

クリップにクロップを設定する

ビデオや写真などのクリップにクロップを設定し、フレームの一部をズームアップします。

クロップするクリップを選択する

❶ [クロップ]ボタン■をクリックする
❷ [サイズ調整してクロップ]ボタンをクリックする

四隅をドラッグしてフレームサイズを調整する

123

Chapter 3　オリジナルなムービーを作る

フレーム内にマウスを合わせてドラッグして位置調整

[適用]ボタン をクリックする

クロップが適用される

クロップを修正する

　クロップによって適用したフレームのサイズや位置は、後からでも自由に変更できます。

❶再編集するクリップを選択する
❷ツールバーの[クロップ]ボタン をクリックする
❸[サイズ調整してクロップ]ボタンをクリックする
❹フレームのサイズや位置を調整
❺[適用]ボタン をクリックする

124

Chapter 3 オリジナルなムービーを作る

クロップを解除する

クロップの設定を解除したい場合は、再度クリップ設定画面を表示し、[クロップ調整を削除]ボタンか、[リセット]ボタンをクリックしてください。

[リセット]ボタンをクリックする

[すべてをリセット]ボタン

[すべてをリセット]ボタンは、対象のクリップに設定されているクロップだけでなく、他の色補正などが設定されている場合は、それらも解除されます。

ビデオを回転させる機能はクロップと併用する

クロップ機能には、「回転」機能も備えられています。たとえば、縦位置で撮影した写真などを回転させたり、iPhoneで縦位置撮影したムービーを回転させるなどで利用できます。画面では、縦位置で撮影した写真を回転し、さらにクロップでトリミングしてクリップを作成しています。

回転前

回転後

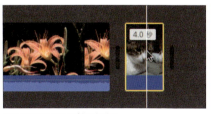

回転させたいクリップを選択する

[クロップ]ボタンをクリックする

125

| Chapter 3 | オリジナルなムービーを作る |

❶回転ボタンをクリックする
❷[サイズ調整してクロップ]ボタンをクリックする
❸クロップを調整する
❹[適用]ボタン ✓ をクリックする

クロップが適用される

Point 逆さになっているときがある

　現在のiPhoneとiMovie、あるいはiMovieとデジタルカメラでは、縦位置写真を検出した場合、自動的に縦位置として回転して取り込んでくれます。したがって、ライブラリに登録した時点で、ブラウザに縦位置素材として表示されます。ただし、縦位置判断が難しく、逆さになっている場合もあるので注意が必要です。

縦位置に回転して取り込まれている

Chapter 3　オリジナルなムービーを作る

3-10　ピクチャ・イン・ピクチャを設定する

メイン画面の中に小さなムービーを表示する、いわゆる「ピクチャ・イン・ピクチャ」ですが、iMovieなら簡単に設定できます。この場合、環境設定で「高度なツール表示」を利用できるように設定変更する必要があります。

プロジェクトにピクチャ・イン・ピクチャを設定する

「ピクチャ・イン・ピクチャ」は、メイン映像の中で、小さなサブ映像が表示されるという機能です。ここでは、サンプル画面のようなピクチャ・イン・ピクチャの作成方法を解説します。なお、本書では大きなメイン画面を「親画面」、小さなサブ画面を「子画面」と表記して解説します。

ピクチャ・イン・ピクチャを設定したムービー

1　子画面を配置する

タイムラインに親画面用のクリップを配置し、その上の「オーバーレイトラック」に子画面用のクリップを配置します。

子画面用のクリップをドラッグする

127

| Chapter 3 | オリジナルなムービーを作る |

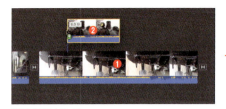 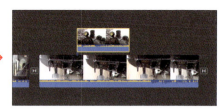

❶親画面用クリップ
❷子画面用クリップを親画面の上のオーバーレイトラック
にドラッグ&ドロップする

オーバーレイトラックに子画面を配置

> **Point オーバーレイトラックのクリップ**
>
> ブラウザからクリップをオーバーレイトラックにドラッグ&ドロップするとき、マウス部分に緑色の❶が表示されたらドロップしてください。また、オーバーレイトラックに配置したクリップは、通常のクリップ同様にトリミングも可能です。

2 ピクチャ・イン・ピクチャとして設定する

配置した子画面を、「ピクチャ・イン・ピクチャ」、すなわち子画面として設定します。設定は、「ビデオオーバーレイ設定」■の「ピクチャ・イン・ピクチャ・コントロール」にあるスタイルの選択ポップアップメニューから、「カットアウェイ」を選択します。

❶子画面用クリップを選択する
❷[ビデオオーバーレイ設定]ボタン■をクリックする
❸▼ボタンをクリックする
❹[ピクチャ・イン・ピクチャ]を選択する

子画面として表示される

| Chapter 3 | オリジナルなムービーを作る |

 [ビデオオーバーレイ設定]ボタンの表示

[ビデオオーバーレイ設定]ボタン■は、オーバーレイトラックにクリップを配置しないと表示されません。

3 子画面のサイズと位置を変更する

子画面をドラッグして配置位置を調整。また、子画面フレームの四隅には、青い◯が表示されています。これをドラッグして、子画面のフレームサイズを変更します。

子画面フレームをドラッグして位置を調整　　子画面のサイズを変更する

4 子画面をカスタマイズ

操作ボタンには、トランジションや境界線の種類、境界線の色の設定、シャドウの有無などを設定できるオプションボタンが表示されています。これらを利用して子画面を目立たせます。

オプションボタンが表示される

5 子画面を確定する

子画面のフレームサイズや位置を調整したら、[適用]ボタン◯をクリックして子画面を確定します。

[適用]ボタン◯をクリックする

129

Chapter 3　オリジナルなムービーを作る

子画面を再編集する

　子画面のフレームサイズや位置を再調整する場合は、タイムラインで再編集したい子画面用のクリップを選択し、[ビデオオーバーレイ設定]ボタン■をクリックしてください。子画面を再編集できます。

[ビデオオーバーレイ設定]ボタン■をクリックする

ピクチャ・イン・ピクチャをカスタマイズする

　ピクチャ・イン・ピクチャでは、デフォルト（初期設定）でもいくつかのエフェクトが設定されていますが、利用目的に応じて、さらにカスタマイズしてみましょう。なお、ピクチャ・イン・ピクチャのカスタマイズは、ビューアーの上に表示される「ピクチャ・イン・ピクチャ・コントロール」で行います。

トランジション効果の変更

　子画面には、「ディゾルブ」という、子画面が表示されるときと消えるときのトランジション効果が、デフォルトで設定されています。この効果は、「トランジションスタイル」ポップアップメニューから選択／変更できます。

「トランジションスタイル」ポップアップメニュー

◎ディゾルブ

130

| Chapter 3 | オリジナルなムービーを作る |

◎拡大／縮小

→

↙

◎入れ替える

→

↙

131

Chapter 3　オリジナルなムービーを作る

境界線の設定

「境界線」を利用すると、子画面のフレーム周囲に罫線を表示して目立たせることができます。なお、罫線は線のタイプや太さ、色などを設定できます。

◎罫線の色を変更

◎ドロップシャドウ:なし　　　　　　　　◎ドロップシャドウ:あり

 カスタマイズの確定

子画面の各パラメーターを変更した場合は、必ず[適用]ボタン をクリックし、設定を子画面クリップに反映させてください。

132

Chapter 3　オリジナルなムービーを作る

ピクチャ・イン・ピクチャをアニメーションする

　親画面に配置した子画面は、アニメーションさせることができます。たとえば、画面のように子画面を移動させることもできます。

　アニメーションで利用するのが、「キーフレーム」と呼ばれる機能です。これを利用することで、アニメーションが実行できます。なお、この画面では、3個のキーフレームを利用していますが、クリップ上などには表示されません。キーフレームは、[キーフレームを追加／削除]するボタンで設定します。

❶1個目のキーフレームを設定
❷2個目のキーフレームを設定
❸3個目のキーフレームを設定

133

Chapter 3　オリジナルなムービーを作る

 1個目のキーフレームを設定する

最初に、アニメーションを開始する位置に1個目のキーフレームを設定します。

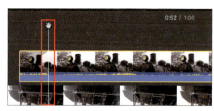

❶ [ビデオオーバーレイ設定] ボタン■をクリックする
❷ [キーフレームを追加] ボタン■が表示される

動きを開始する位置に再生ヘッドを移動する

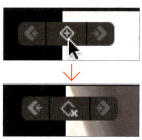

❸ 子画面の位置を確認する
❹ [キーフレームを追加] ボタン■をクリックする

キーフレームを設定すると、ボタンの形が変わる

2　2個目のキーフレームを設定する

続いて、2個目のキーフレームを設定します。2個目のキーフレームは、次の手順で設定します。

1. キーフレーム位置に再生ヘッドを合わせる
2. キーフレームを追加する
3. 子画面のフレームを移動させる

1. 再生ヘッドを、キーフレームを設定したい位置に移動する

2. [キーフレームを追加] ボタン■をクリックする

3. 子画面を移動させる

134

Chapter 3　オリジナルなムービーを作る

3　3個目のキーフレームを設定する

3個目のキーフレームも、2個目と同じように次の手順で設定します。

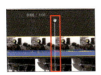

1. 再生ヘッドを、キーフレームを設定したい位置に移動する
2. [キーフレームを追加]ボタンをクリックする
3. 子画面を移動させる

Point　キーフレームを編集するボタン

キーフレームを削除／追加するには、次のようなボタンを利用します。

❶前のキーフレーム
❷キーフレームを追加／削除
❸次のキーフレーム

- [キーフレームを追加／削除]ボタンは、再生ヘッドがキーフレーム上にあるとき、キーフレームを削除することができます。
- キーフレーム間の移動は、[<][>]ボタンが青色で表示されているときに移動できます。

135

Chapter 3　オリジナルなムービーを作る

3-11 クリップを合成する

映像の合成は、ビデオ編集の楽しみの1つでもあります。iMovieには、その合成作業を簡単に行うためのコマンドが搭載されています。先に解説したピクチャ・イン・ピクチャも合成方法の1つですが、ここでは、その他の合成方法について解説します。

カットアウェイで合成

　「カットアウェイ」というのは、メインとなるクリップに、別のクリップをかぶせるようにして2つのクリップを表示する機能です。メインとなるビデオトラックの上に別のビデオトラックを設定し、そこにクリップを配置して映像を合成するという方法です。見せ方としては、メインとなるクリップの間に別のクリップを挟んで表示する方法と、透明度を利用してオーバーラップさせながら表示する方法の2タイプを設定できます。

◎不透明度を利用して表示する

◎交互にクリップを表示する

| Chapter 3 | オリジナルなムービーを作る |

1 合成用のクリップを配置する

タイムラインにメインとなるクリップを配置し、その上のオーバーレイトラックに合成したいクリップをブラウザから配置します。

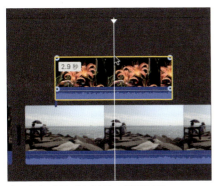

オーバーレイトラックにもクリップを配置する

> **Point オーバーレイトラックのクリップ**
>
> ブラウザからクリップをオーバーレイトラックにドラッグ&ドロップするとき、マウス部分に緑色の⊕が表示されたらドロップしてください。また、オーバーレイトラックに配置したクリップは、通常のクリップ同様にトリミングも可能です。

2 「カットアウェイ」を選択する

「ビデオオーバーレイ設定」のポップアップメニューから、「カットアウェイ」を選択します。この状態で、次の「オーバーラップ」や「カットアウェイとフェードの併用」の操作を行います。

❶ [ビデオオーバーレイ設定]ボタン■をクリックする
❷ [スタイル]ボタンをクリックする
❸ 「カットアウェイ」を選択する

137

カットアウェイをオーバーラップさせる

　カットアウェイの設定オプションには、「不透明度」があります。これを利用すると、2つの映像を半透明状態で合成できます。

❶カットアウェイを設定する
❷不透明度のスライダーを調整する

半透明で合成される

カットアウェイとフェードの併用

　カットアウェイの設定には、「フェード」というオプションもあります。これを利用すると、オーバーレイトラックのクリップに「ディゾルブ」のようなトランジション効果が、先頭と終端に設定されます。

❶不透明度は右端にする
❷「フェード」の継続時間を設定する

138

| Chapter 3 | オリジナルなムービーを作る |

 フェードの微調整

オーバーレイトラックのクリップにフェードを設定すると、ボタンでフェード効果を微調整できます。

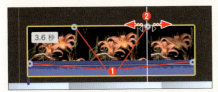

❶マウスを合わせるとボタンが表示される
❷ボタンをドラッグして効果を調整する

「グリーン／ブルースクリーン」で合成する

「グリーン／ブルースクリーン」は、「ブルーバック」や「グリーンバック」などとも呼ばれる映像合成のテクニックで、グリーンやブルーの背景部分を透明化して合成するというものです。

iMovieにはこの機能が標準搭載されており、指定した色の部分を透明化することで、合成ができます。

ブルーの部分を透明化した合成

139

Chapter 3　オリジナルなムービーを作る

1　「グリーン／ブルースクリーン」を選択する

　オーバーレイトラックにクリップを配置し、そのクリップに対して「グリーン／ブルースクリーン」を設定します。

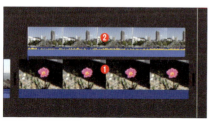

❶クリップを配置する
❷オーバーレイクリップを選択する

❸[ビデオオーバーレイ設定]ボタン■をクリックする
❹[スタイル]ボタンをクリックする
❺「グリーン／ブルースクリーン」を選択する

合成が実行される

Point　透明化される色

　ビューアには、オーバーレイクリップの中で緑色または青色の背景領域が透明化されます。

2　「グリーン／ブルースクリーン」を調整する

　グリーン部分がきれいに透明化されていない場合は、[領域選択]ボタン■で色を選択し、さらに「柔らかさ」で透明度を調整します。

[領域選択]ボタン■をクリックする

色を調整したい部分でクリックする

❶「柔らかさ」を調整する
❷色の選択位置なども再調整する

140

Chapter 3 オリジナルなムービーを作る

「グリーン／ブルースクリーン」の応用

　クリップ内に緑色や青色がない場合は、ポップアップメニューから「グリーン／ブルースクリーン」を選択したとき、再生ヘッドがある位置のフレームで最も広い範囲を占めている色が透明化されます。また、特定の色を[領域選択]ボタン で色を選択することで、画面のような合成も可能になります。

クリップを配置する　　　　　　　　　　　　❶[ビデオオーバーレイ設定]ボタン をクリックする
　　　　　　　　　　　　　　　　　　　　　❷「グリーン／ブルースクリーン」を選択する
　　　　　　　　　　　　　　　　　　　　　❸[領域選択]ボタン をクリックする

透明化したい部分でクリックする　　　　　　合成が実行される

141

Chapter 3　オリジナルなムービーを作る

3-12 「手ぶれ補正」を活用する

現在のビデオカメラは、強力な手ぶれ補正機能を搭載しているのが標準ですが、それでも失敗例の多いのが「手ぶれ」です。その手ぶれを補正する機能が、iMovieの「手ぶれ補正」です。

iPhoneムービーの手ぶれを補正する

手ぶれは、ビデオ撮影失敗でNo.1にノミネートされるほど多い失敗例です。最近では、ビデオカメラのほとんどが手ぶれ補正機能を搭載しているのですが、それでも失敗します。こうした手ぶれ映像は、iMovieの「手ぶれ補正」を利用すれば、簡単に補正できます。

1 クリップを配置する

手ぶれ補正をしたいクリップをタイムラインに配置して、選択状態にします。

クリップを配置して選択する

2 「手ぶれ補正」を有効にする

[調整]ボタンをクリックして、表示された調整バーにある[手ぶれ補正]ボタン をクリックします。手ぶれ補正コントロールが表示されるので、「ビデオの手ぶれを補正」のチェックボックスをオンにします。

❶[手ぶれ補正]ボタン をクリックする
❷チェックボックスをオンにする

Chapter 3　オリジナルなムービーを作る

Point 「アクティビティインジケータ」について

「ビデオの手ぶれを補正」のチェックボックスをオンにすると、アクティビティインジケータに変わって回転状態になり、クリップが解析されて手ぶれが補正されます。画面下には解析中の表示がされます。なお、解析が終わると、チェックマークが表示されます。

❶アクティブインジケーターが表示される
❷データ解析中の表示

手ぶれ補正を調整する

「手ぶれ補正」での補正の度合いは、コントロールに表示されている「ビデオの手ぶれを補正」のスライダーで調整します。スライダーを左にドラッグすると補正の度合いが弱くなり、右にドラッグすると度合いが強くなります。

補正の度合いをスライダーで調整する

Tips 「ローリングシャッターを補正」について

iPhoneなどCMOS（シーモス）カメラで動画を撮影する際、被写体がカメラのスキャン速度よりも高速に動いていると、映像に「ゆがみ」や「ひずみ」が発生してしまいます。このゆがみなどを補正する機能が「ローリングシャッター」です。

Chapter 3　オリジナルなムービーを作る

3-13 タイトルを設定する

iMovieでは、タイトルの作成は48種類のサンプルからタイトルデザインを選び、プロジェクトのタイトルを設定したい位置にドラッグ&ドロップすることで追加します。

クリップにタイトルを追加する

iMovieには48種類のタイトルスタイルが用意されています。ここからスタイルを選んでプロジェクトのクリップに追加することで、タイトルが作成できます。

ムービーにタイトルを追加

1　「タイトル」パネルを表示する

サイドバーの「コンテンツライブラリ」セクションにある「タイトル」を選択すると、利用できるタイトルスタイルが、「タイトルライブラリ」に表示されます。また、プロジェクトにテーマを設定している場合は、そのテーマに関連したタイトルも表示されます。

「タイトル」をクリックする

タイトルスタイルが表示される

144

Chapter 3　オリジナルなムービーを作る

 タイトルを見つける

　表示されたタイトルスタイルから、利用したいタイトルを選択します。ブラウザでタイトルをクリックすると、ビューアに表示されます。

❶タイトルスタイルをクリックする
❷タイトル内容が表示される

 タイトルを検索する

　タイトルスタイルの名前がわかっている場合は、検索ボックスにタイトル名を入力しても検索できます。

タイトル名を入力して return キーを押す

 タイトルスタイルを追加する

　選択したスタイルを、タイムラインに配置します。配置方法には3タイプありますので、利用しやすい方法を採用してください。なお、タイムラインに配置されたタイトルスタイルを「タイトルバー」といいます。

145

ダブルクリックで配置する

タイトルスタイルをダブルクリックして配置する方法です。

タイトルを配置したい位置に再生ヘッドを移動する

選択したスタイルをダブルクリックする

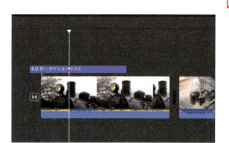
タイトルバーが配置される

ドラッグ&ドロップで配置する

タイトルスタイルをドラッグ&ドロップで配置する方法です。

タイトルスタイルをドラッグ&ドロップする

| Chapter 3 | オリジナルなムービーを作る |

クリップ内にドラッグ&ドロップする

　タイトルスタイルをクリップのサムネイル内にドラッグ&ドロップして配置することができます。なお、タイトルの配置場所によって、継続時間が異なります。

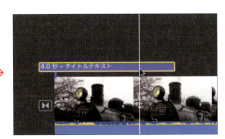

タイトルスタイルをドラッグ&ドロップする　　　　　タイトルバーが配置される

Point タイトルの継続時間

　クリップの前または後ろから1/3までにタイトルを配置すると、クリップの最初または最後から1/3に表示されるようにタイトルの継続時間が自動的に調整されます。クリップの真ん中にタイトルを置くと、クリップ全体に表示されるようにタイトルの継続時間が調整されます。

4 配置されたタイトルスタイルを確認

　プロジェクトを再生して、タイトルスタイルを確認します。

再生してタイトルスタイルの表示状態を確認する

タイトルを削除する

　タイムラインに配置したタイトルバーは、マウスで選択して削除します。選択したタイトルバーは、黄色いラインで囲まれます。

 →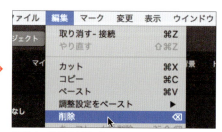

タイトルバーを選択する　　　　　　　　　　　「編集」→「削除」を選択する

タイトルバーが削除される
※ delete キーを押しても削除できます。

タイトルを編集する

　タイトルでは、タイトルの文字、フォント、サイズ、文字色、表示位置などを編集できます。また、タイトルスタイルから、好みのスタイルに変更することもできます。

タイトル文字を変更する

　タイトルの文字を変更するには、次のように操作します。

 →

タイトルバーをダブルクリックする　　　　　　編集可能なフィールドが強調表示される

148

| Chapter 3 | オリジナルなムービーを作る |

文字を変更する

❶ [tab]キー押して、他のフィールドの文字も修正する
❷ [適用]ボタン ✓ をクリックする

タイトルのフォントを変更する

タイトル文字のフォントを変更してみましょう。

タイトルバーをダブルクリックする

フォント名をクリックする

フォントを選択する

フォントが変更される

149

Chapter 3　オリジナルなムービーを作る

フォントパネルを利用する

フォントパネルを利用しての変更も可能です。

「フォントパネルを表示...」を選択する　　　フォントパネルが表示される

文字サイズを変更する

　文字のサイズは、フォントサイズのプルダウンメニューから選択するか、ダイレクトに数字を入力して変更します。

❶文字を選択する
❷▼をクリックする
❸サイズを選択する

文字サイズが変更される

文字色を変更する

　文字色は、カラーウェルをクリックしてカラーウインドを表示し、色を選択して変更します。

❶文字を選択する
❷カラーウェルをクリックする
❸カラーを選択する

カラーが変更される

| Chapter 3 | オリジナルなムービーを作る |

変更を適用する

　フォントやフォントサイズ、文字色などタイトルを編集した場合は、[適用]ボタン●をクリックして、設定を反映させます。

適用ボタン●をクリックする

タイトルのスタイルを変更する

　タイトルスタイルは、自由に変更できます。

スタイルをダブルクリックする

スタイルが変更される

タイトルの継続時間を調整する

　タイトルの継続時間は、クリップのトリミングと同様に、タイトルバーの左右をドラッグして変更します。

タイトルバーの端をドラッグする

継続時間が変更される

151

Chapter 3　オリジナルなムービーを作る

継続時間を数値で入力

継続時間を秒数などで指定することもできます。この場合、「クリップ情報」を利用して変更します。

[クリップ情報] ボタン◎をクリックする　　　　　　　継続時間を変更する

タイトルを単独クリップとして作成する

　タイトルは、ビデオクリップと合成させるだけでなく、タイトル単独でプロジェクトに追加するクリップとして作成することもできます。たとえば、プロジェクトの先頭にタイトルを追加してみましょう。

タイトルを挿入する

　「タイトルライブラリ」でスタイルを選択し、タイムラインに配置してあるプロジェクトの先頭に挿入します。

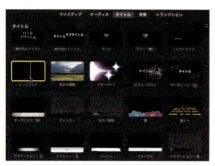

スタイルを選択する

プロジェクトの先頭に挿入する

クリップとして追加されたタイトルスタイル

152

| Chapter 3 | オリジナルなムービーを作る |

2 タイトルを修正する

タイトルクリップをダブルクリックし、ビューアで文字を修正します。

文字を修正する

3 タイトル文字をアレンジする

フォントや文字色、サイズなどを変更します。なお、変更後は[適用]ボタン◎をクリックしてください。

フォントや文字色を調整

4 フォントをレビューする

プロジェクトを再生して、タイトルをプレビューします。

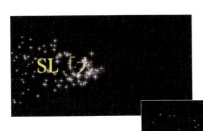

153

Chapter 3 オリジナルなムービーを作る

3-14 ムービーにテロップを入れる

映像を解説するための文字情報として、テロップがあります。テロップには、動きのないものもありますが、スタッフを紹介するエンドロールなどもあります。こうしたテロップは、メインタイトルと同じ方法で設定できます。

ムービーにテロップを入れる

　ビデオ編集では、「スーパーインポーズ」というテクニックがあります。先に解説したメインタイトルも、スーパーインポーズで映像と文字を合成したものです。メインタイトルの他、テロップと呼ばれるものもそうです。そこで、ここではiMovieのタイトル機能を利用して、画面のような動きのないテロップを設定してみます。

テロップを設定する

1 追加位置を見つける

　プロジェクトを再生したり、タイムラインをスキミングして、文字をスーパーインポーズしたい位置を見つけ、クリックして再生ヘッドを合わせます。

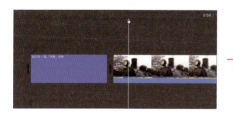 →

文字の追加位置を見つける

154

| Chapter 3 | オリジナルなムービーを作る |

2 スタイルを配置する

サイドバーの「コンテンツライブラリ」セクションで「タイトル」を選択すると、ブラウザにタイトルのスタイルが一覧表示されます。ここで、「下」スタイルを選択してダブルクリックしてください。再生ヘッド位置にスタイルが配置されます。

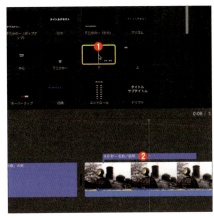

❶ダブルクリックする
❷スタイルが配置される

3 文字を修正する

タイムラインに配置されたタイトルクリップをダブルクリックし、ビューアで文字を修正します。

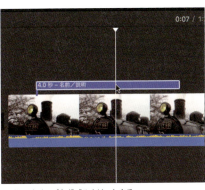

タイトルクリップをダブルクリックする

文字を修正する

155

Chapter 3　オリジナルなムービーを作る

4 文字をカスタマイズする

必要があれば、文字のフォントやサイズなどを修正します。

❶ フォントパネルを使ってフォントを変更する
❷ [適用] ボタン ✓ をクリックする

Tips 「ティッカー」を設定する

映像の解説文字が、画面の右から左へアニメーションする「クロールタイトル」と呼ばれる機能も、iMovieのタイトル機能で設定できます。タイトルスタイルにある「ティッカー」がそれです。

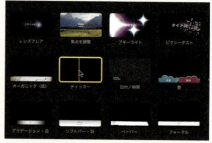

「ティッカー」を利用する

156

Chapter 3 オリジナルなムービーを作る

5 継続時間を調整する

タイムラインに追加したタイトルクリップの終端をドラッグし、継続時間を調整します。

終端をドラッグする

継続時間を変更する

エンドロールを作成する

ムービーの最後に、スタッフや出演者の名前などを表示する「エンドロール」と呼ばれるスーパーインポーズがあります。タイトルスタイルには、「エンドロール」を利用します。なお、クリップの最後に、トランジションの「黒にフェード」を設定すると、映像がフェードアウトしながら、文字がロールアップするという効果を設定できます。

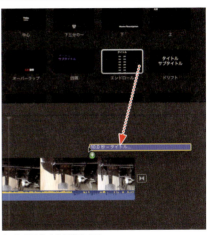
タイトルスタイルを設定する

❶文字を修正する
❷[適用]ボタン をクリックする

トランジション「黒にフェード」を設定する

157

Chapter 3 オリジナルなムービーを作る

158

Chapter 4

「予告編」で作るハリウッドスタイルのミニシネマ

「予告編」機能は、まったくビデオ編集が初めてというユーザーでも、簡単にハリウッド並みの映画の予告編のようなムービーが作成できる機能です。また、中級、上級ユーザーでも、自作ムービーのプロモーションビデオとして活用することができる、活用度の高い機能です。

Chapter 4 「予告編」で作るハリウッドスタイルのミニシネマ

4-1 「予告編」でのムービー作りの手順

iMovieの「予告編」機能を利用すると、ハリウッド映画の予告編のようなムービーが簡単に作成できます。テンプレートを使って指示に従うだけで予告編ムービーが作成できる、いわばムービーの「ぬり絵」のようなイメージです。

予告編で作るムービー

「予告編」にはジャンル別にテンプレートが用意されており、クリップの選択と必要最小限の文字入力だけで、プロが作成した予告編のようなムービーが作成できます。予告編にはジャンルに合わせたBGMなども設定されています。

160

| Chapter 4 | 「予告編」で作るハリウッドスタイルのミニシネマ |

予告編作成の流れ

　ムービー作りの場合、本来なら事前にムービーの仕上がりイメージなどをある程度決めてから作業を始めるのですが、予告編ではそのような必要はありません。いきなり、ムービー作りを始めてしまってかまいません。

1　テンプレートを選ぶ

　事前に用意されたテンプレートのサンプルを再生し、どのテンプレートを使うかを決めます。

2　アウトラインを設定する

　名前や日付、キャスト、スタジオ、クレジットなど、予告編に関する基本情報を入力します。

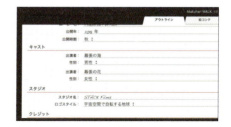

3　絵コンテを設定する【その1：タイトルなどの修正】

　「絵コンテ」は、いわばムービーの台本です。テンプレートのタイトルや見出しを、自分の作成するムービーに合わせて変更します。

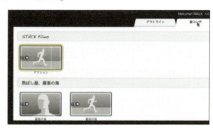

161

Chapter 4 「予告編」で作るハリウッドスタイルのミニシネマ

4 絵コンテを設定する【その2:クリップの選択】

ムービーで作成するクリップを選択します。範囲を指定する必要はありません。自動的に必要な長さだけクリップが選択されます。

5 撮影リストのチェックと修正

できあがったムービーをチェックし、クリップを確認します。必要があれば修正も可能です。

6 プロジェクトに変換する

テンプレートを利用してできあがったムービーを「プロジェクト」という、iMovieで通常の編集に利用するフォーマットに変換します。

7 予告編を公開する

予告編の編集が終了したら、iMovie TheaterやYouTubeなどで公開することができます。

Chapter 4　「予告編」で作るハリウッドスタイルのミニシネマ

4-2 テーマを選択する

iMovieには、29種類のテンプレートが用意されています。アクションやスポーツ、旅行などのテーマで用意されているので、これから作成する予告編のテーマにあったテンプレートを選択します。

29種類のテンプレートから選ぶ

イベントとして映像データを読み込んであれば、すぐに予告編作成を開始できます。

1 プロジェクト画面を表示する

新規プロジェクトを作成するために、プロジェクト画面を表示します。画面上部の「プロジェクト」を選択するか、メニューバーから「ウインドウ」→「プロジェクトへ移動」を選択します。

2 「予告編」を選択する

プロジェクト画面で「新規作成」 をクリックし、表示されたメニューから「予告編」を選択します。

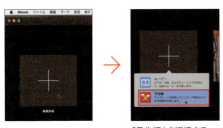

「予告編」を選択する

163

Chapter 4 「予告編」で作るハリウッドスタイルのミニシネマ

3 テンプレートを選択する

「作成」ウィンドウが表示され、テンプレートの一覧が表示されます。ここから、テンプレートを選択します。なおテンプレートは、選択すると表示される中央の[再生]ボタンをクリックしてプレビューできます。

「作成」ウィンドウが表示される

再生ボタンをクリックする

テンプレートをプレビューする

❶テンプレートを選択する
❷[作成]ボタンをクリックする

テンプレートが表示される

164

| Chapter 4 | 「予告編」で作るハリウッドスタイルのミニシネマ |

 テンプレートの情報

テンプレートの一覧では、テンプレートの下に出演者数と時間が表示されています。

・出演者数

テンプレートの下に「主演者数:2人」などと人数が表示されています。これは、ムービーに登場する人数が2人の場合に適したサンプルという意味です。ただ、この数にこだわる必要はありません。また、人が登場しなくても利用してかまいません。

・時間

表示されている時間は、作成される予告編ムービーの長さを表しています。たとえば、「1分7秒」とあれば、そのテンプレートを使うと1分7秒のムービーができあがる、ということです。

 イベントを選択する

予告編で利用する素材の入ったイベントを選択します。

165

Chapter 4 「予告編」で作るハリウッドスタイルのミニシネマ

4-3 アウトラインを設定する

「アウトライン」タブでは、ムービーに関する情報を設定します。デフォルトですでにテンプレートのデータが設定されているので、これを変更しながら必要な情報を入力します。

「アウトライン」タブでムービー情報を設定する

「アウトライン」タブでは、これから作成するムービーの情報を設定します。ここでの設定は、ムービー内にも反映して表示されます。なお、テンプレートによって構成要素が異なりますが、ここでは、テンプレートの「ドキュメント」を例に解説します。

1 名前と日付を設定する

「ムービー名」や「公開日」、「公開年」などを設定します。決まりはありません。好きなように入力しましょう。事前に入力されているテキスト部分をクリックして修正すると、設定した内容が右上のビューアに表示されます。

❶「ムービー名」を変更
❷ビューアに変更内容が表示される

2 キャストを設定する

キャストでは、出演者の名前などを入力します。といっても、人物だけとは限りません。画面では映像のテーマに合わせて、テーマ名を入力してみました。ムービーでは、画面のように表示されます。

キャストの出演者名を変更

出演者名の表示

166

Chapter 4 「予告編」で作るハリウッドスタイルのミニシネマ

3 スタジオを設定する

「スタジオ名」で設定した名前は、最初のロゴタイトル画面で表示されます。架空のスタジオ名を入力しておきましょう。また、「ロゴタイトル」では、ロゴ画面を変更できます。

「スタジオ名」を変更する

スタジオ名の表示状態

Tips ロゴスタイルも変更可能

オープニング時に表示されるロゴ画面も、自由に変更できます。

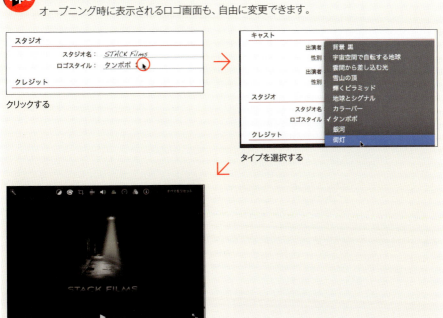

クリックする

タイプを選択する

167

Chapter 4 「予告編」で作るハリウッドスタイルのミニシネマ

4 クレジットを設定する

「クレジット」では、それぞれのフィールドに名前を入力します。デフォルトでOSに設定してある名前が表示されていますが、変更はできても省略することはできません。

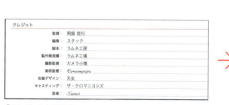

「クレジット」の設定

クレジットの表示

Tips プロジェクト変換すると変更できなくなる

予告編はプロジェクト変換すれば通常のプロジェクトとして再編集できるのですが、「クレジット」や「出演者」などのテキスト情報は再編集できません。ですので、予告編の編集上でしっかりと決めてください。

Chapter 4　「予告編」で作るハリウッドスタイルのミニシネマ

4-4 絵コンテを設定する

「絵コンテ」の設定作業が、予告編の作成のメインです。イベントブラウザからクリップを選択しながら、ムービーを作成していきます。

「絵コンテ」を設定する

「絵コンテ」というのは、元々映画などを作るときに、場面のカットと台詞などを書いたものですが、ここでも、各シーンのタイトルと再生するクリップを指定することで、ムービーのシナリオを作成します。シナリオ作りといっても、とても簡単です。

1　「絵コンテ」タブを表示する

「絵コンテ」タブをクリックすると、絵コンテの設定画面が表示されます。絵コンテは、四角いイラストの「プレースホルダウェル」と「字幕テキスト」の、2つの要素で構成されています。

❶「絵コンテ」タブをクリックする
❷プレースホルダウェル
❸字幕テキスト

2　字幕テキストを変更する

絵コンテには、映像と映像の間に表示される「字幕テキスト」があります。字幕によっては、先の「アウトライン」タブで設定した内容が反映している箇所もありますが、ムービーに合わせて変更します。

クリックして変更する

テキストを変更

169

字幕を元に戻したい

変更した字幕を元に戻す場合は、字幕を入力した右端に表示される[戻す]ボタンをクリックしてください。変更前の状態に戻ります。

3 クリップを追加する

絵コンテにある四角いイラスト部分を、「プレースホルダウェル」といいます。ここには、ブラウザでクリップを選択して、その選択した映像を追加します。クリップの追加は、クリップをスキミングして利用したい映像を見つけてクリックすれば、クリックした位置を始点として、必要な時間だけの映像がウェルに自動的に追加されます。

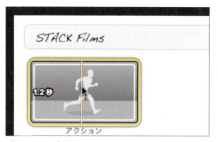

プレースホルダウェルをクリックする

ブラウザのクリップにマウスを合わせると、指定秒数の黄色い枠が表示される

スクラブで必要な映像を見つけてクリックする

❶クリップが追加される
❷次のウェルが選択状態になり黄色い枠が表示される

写真を追加する

プレースホルダウェルには、ビデオクリップだけではなく、写真などのイメージクリップも追加できます。

Point 「プレースホルダウェル」のタイムスタンプ

プレースホルダウェルには、中央左に「2.0秒」など時間が表示されています。これは、ここに追加されるクリップの継続時間で、ブラウザでクリップを選択すると、自動的にこの秒数だけ追加されます。なお、この継続時間を変更することは、予告編の編集ではできません。継続時間を編集したい場合は、プロジェクトに変換してください(→P.175)。

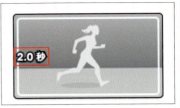

タイムスタンプ

4 字幕、クリップの設定を繰り返す

プレースホルダウェルにクリップを追加すると、自動的に次のウェルに登録できるので、クリップを登録します。また、必要に応じて字幕も修正してください。

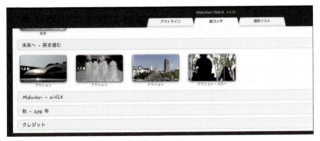

他のプレースホルダウェルにもクリップを追加する

Point イメージに合わせる必要はあるの？

クリップが登録される前のプレースホルダウェルには、人物のイメージとスタイル名が表示されています。イメージは人物のため、必ず人物でなければならないとういことはありません。たとえば、走っている人のイメージでは、車などが動いているシーン、顔のアップでは、車や電車など被写体がアップの映像部分などを選ぶと、変化に富んだムービーが作成できます。こだわる必要はありませんが、変化のある映像を選ぶことがポイントになります。

プレースホルダウェルのイメージとスタイル名

5 クリップを入れ替える

「クリップを選択して配置したけど気に入らない」という場合は、再度ウェルをクリックして選択状態にし、別のクリップを選択することで入れ替えられます。

クリックして選択状態にする

クリップを選択する

クリップが入れ替わる

Point ウェル内のアイコン

ウェルにクリップを追加して、そのウェルにマウスを合わせると、隅に小さな青いアイコンが複数表示されます。

❶クリップのオーディオをオン／オフする
❷クリップを削除する
❸クリップの使用部分をトリム編集する
❹スクラバー（スクラブする）

Chapter 4 「予告編」で作るハリウッドスタイルのミニシネマ

追加したクリップを削除するには

ウェルに配置したクリップを削除したい場合は、配置したクリップにマウスを合わせると表示される、[削除]ボタンをクリックします。

削除ボタンをクリックする

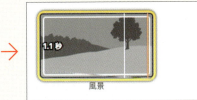
クリップが削除される

6 クリップをトリム編集する

ウェルに配置したクリップにマウスを合わせると、トリム編集も可能になります。

このボタンをクリックする(変更前)

トリム編集画面が表示される

選択範囲をドラッグする

クリックする

利用する範囲が変更される(変更後)

×をクリックしてトリム編集画面を閉じる

173

Point トリム編集について

トリム編集というのは、クリップの中で、選択範囲時間を変えずに選択範囲の位置を変える編集方法のことをいいます。詳しくは94ページで解説しています。

7 クリップの音声をオフにする

クリップのオーディオ(音声)をオフに設定することもできます。もう一度、同じボタンをクリックすると、オーディオをオンに戻せます。

オーディオがオンのとき

オーディオがオフのとき

8 「撮影リスト」タブでクリップを確認する

「撮影リスト」タブをクリックすると、スタイル名ごとに、どのようなクリップが選択されているかが確認できます。イメージに合わないものがあった場合は、ここでクリップを入れ替えることができます。入れ替え方法は、5の操作を参照してください。

「撮影リスト」タブをクリックする

クリップのリストが表示される

クリップの編集も可能

Chapter 4 「予告編」で作るハリウッドスタイルのミニシネマ

4-5 予告編のプロジェクト変換と出力

編集の終了した予告編プロジェクトは、そのままファイルやiMovie Theater、YouTubeなどに公開できます。また、標準のプロジェクトに変換して、編集作業を継続することもできます。

プロジェクトに変換

　予告編の予告編プロジェクトは、標準プロジェクトに変換することで、クリップの追加や削除、字幕テキストのフォント変更、色の設定など、通常の編集作業を行うことができます。では、予告編をプロジェクトに変換してみましょう。

> **Point 一方通行の変換**
> 　予告編プロジェクトは、標準プロジェクトに変換できます。しかし、標準プロジェクトに変換したプロジェクトは、予告編プロジェクトに戻すことはできません。したがって、もし標準プロジェクトに変換後も予告編を再編集する可能性がある場合は、66ページの方法でプロジェクトのコピーを作成してください。

1 予告編プロジェクトを開く

　ライブラリの「すべてのプロジェクト」を選択し、ブラウザからプロジェクトに変換したい予告編プロジェクトを選択します。

予告編プロジェクトをダブルクリックする

予告編プロジェクトを表示する

175

2 メニューを選択する

メニューバーから「ファイル」→「予告編をムービーに変換」を選択します。また、プロジェクト画面で予告編のプロジェクトを選択し、メニューボタンをクリックしてもメニューから「予告編をムービーに変換」を選択できます。

「予告編をムービーに変換」を選択する

3 プロジェクトに変換される

予告編プロジェクトが、標準のプロジェクトに変換されます。

標準のプロジェクトに変換される

 Point 予告編プロジェクトと標準プロジェクトの違い

標準プロジェクトに変換すると、ビデオクリップを追加するときに設定されていたクリップの時間配分が適用されません。クリップの長さは自由に設定できます。

Tips クリップのなかったプレースホルダウェル

予告編の編集中にクリップを追加しなかったプレースホルダウェルは、そのままグレーの「プレースホルダウェルクリップ」としてタイムラインに登録されています。ここに、ライブラリからクリップを追加します。

プレースホルダウェルクリップ

Facebookにアップロードして公開する

iMovieでは、編集した結果を、YouTubeやFacebookなどインターネット上の動画共有サイトに、ダイレクトにアップロードできます。ここでは、Facebookへのアップロード方法を紹介します。なお、Facebookのアカウントは、事前に取得しておく必要があります。

| Chapter 4 | 「予告編」で作るハリウッドスタイルのミニシネマ |

1 予告編を表示する

編集の終了した予告編を表示します。プロジェクトに変換してしまった場合は、プロジェクトを表示してください。

予告編を表示する

2 共有先を選択する

ツールバーから[共有]ボタン をクリックし、「Facebook」を選択します。

「Facebook」を選択する

3 ムービー内容を確認する

予告編の内容一覧が表示されるので、内容を確認して[次へ...]ボタンをクリックします。

[次へ...]ボタンをクリックする

4 アカウントとパスワードの設定

Facebookにビデオをアップロードするには、Facebookのアカウントとパスワードが必要になります。初めてiMovieからアップロードする場合は、表示されたウィンドウの「メールアドレス」と「パスワード」に、それぞれのデータを入力してください。

❶メールアドレスを入力する
❷パスワードを入力する
❸[ログイン]ボタンをクリックする

177

5 利用条件を承認する

「Facebookサービス利用条件」ウィンドウが表示されるので、内容を確認して[公開]ボタンをクリックします。

[公開]ボタンをクリックする

6 アップロードが開始される

アップロードが開始されます。といっても、とくにダイアログボックスが表示される

作業状態が表示される

などの変化はありません。唯一、ツールバーの右側にアクティビティインジケータが表示されます。このアクティビティインジケータをクリックすると、作業状態の詳細が表示されます。なお、アップロードが完了すると、インジケータが消えます。

7 アップロードが終了

アップロードが終了すると、メッセージが表示されます。

8 Facebookで確認する

アップロードが終了すると、Facebookのページで確認できます。ただし、この状態では、まだ公開されていません。共有範囲が、個人だけが確認できる「自分だけ」の状態です。

アップロードした予告編ムービーを公開にするには、「共有範囲」を「公開」や「友達」などに変更する必要があります。

「共有範囲」を選択する

アップロードされた予告編ムービー

Chapter 5

オーディオを編集する

iMovieのオーディオ編集機能では、クリップの音量調整はもちろん、BGMをどれくらいの音量で入れるか、複数の音が重なった場合、どの音を強調し、どの音の音量を下げるかといった「ダッキング」や、ナレーションを録音するアフレコ機能などの利用がポイントになります。また、ビデオと音声を分離し、それぞれ個別に編集することも可能です。

Chapter 5　オーディオを編集する

5-1 ビデオクリップの音量を調整する

プロジェクトを再生していると、クリップの音量が気になることがあります。そのようなときには、音量調整によって、見やすいムービーに仕上げることが重要です。ここでは、クリップの音量調整方法について解説します。

オーディオ波形を表示する

iMovieで音調調整を行う場合は、オーディオの「波形」を表示してください。波形は、次のようにして表示します。

波形表示前

波形を表示

❶[設定]ボタンをクリックする
❷「波形を表示」のチェックボックスをオンにする

オーディオデータの表示について

iMovieでは、通常のオーディオ付きのクリップ、エフェクト用のオーディオデータ、BGM用のオーディオデータなどタイプによって表示する位置や表示色が異なります。オーディオ付きのビデオクリップは青色の波形が表示され、オーディオのみのクリップは緑色で表示されます。

また、BGMはBGM専用の「バックグラウンド・ミュージック・ウェル」に配置し、緑色で表示されます。

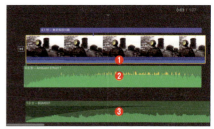
❶オーディオ付きのビデオクリップ
❷オーディオのみのクリップ
❸BGM用のクリップ

180

Chapter 5　オーディオを編集する

> **Point**　「バックグラウンド・ミュージック・ウェル」は独立したトラック
>
> タイムライン内でのオーディオクリップは、ビデオクリップに接続され、ビデオクリップを移動すると一緒に移動します。しかし、「バックグラウンド・ミュージック・ウェル」に配置したオーディオクリップは独自の領域として利用でき、タイムラインのビデオクリップの影響は受けずに、独自の編集ができます(→P.188)。

「音量スライダー」を利用して調整する

　「iMovie」には、クリップの音量を調整する方法が複数あります。ここでは、その中から、「音量コントローラー」を利用して音量を直接調整する方法について解説します。

1　クリップを選択する

オーディオの波形を表示し、音量調整したいクリップを選択します。

クリップを選択する

2　音量スライダーを表示して調整する

　ツールバーの[ボリューム]ボタン🔊をクリックしてください。音量コントローラーの「音量スライダー」が表示されるので、このスライダーをドラッグして音量を調整します。

❶ [ボリューム]ボタン🔊をクリックする
❷ 「音量」スライダーを調整する

◎音量スライダーの調整

音量を上げる	「音量」スライダーを右にドラッグ
音量を下げる	「音量」スライダーを左にドラッグ

181

Chapter 5　オーディオを編集する

Point　音量の割合について

音量は、デフォルト（初期設定）で「100%」と表示されており、スライダーのドラッグに応じて変化します。この場合、元のクリップの音量を100%とし、これを基準にして相対的に数値が表示されます。たとえば、元の音より大きい場合は100%以上の数値、元の音より小さい場合は100%以下の数値で表示されます。

音量を大きくする

音量を小さくする

タイムライン内で音量を調整する

タイムラインに配置されたクリップは、タイムライン上でも音量調整できます。波形に表示される「音量コントロール」（オーディオ波形を横切る黒い細い線）を調整することで、音量調整を行います。

1　クリップを選択する

タイムラインで、音量を調整したいクリップを選択します。

2　「音量コントロール」を調整する

オーディオ波形を横切る音量コントロールにマウスを合わせると、マウスポインタが[↕]の形に変わります。この状態で、音量コントロールを操作します。

❶クリップを選択する
❷「音量コントロール」にマウスを合わせるとマウスの形が変わる

下にドラッグすると音量が下がる

上にドラッグすると音量が上がる

182

Chapter 5　オーディオを編集する

音量調整のポイント

クリップの音量を調整すると、オーディオの波形の形と色が変換します。調整では、波形のピーク部分に次のような色が表示されないように調整してください。

- 音が歪んだ場合…黄色で表示
- クリッピングの状態…赤色で表示（クリッピングとは、極端な音の歪み）

選択範囲内のみの音量を調整する

クリップの音量コントロールでは、範囲指定した中だけの音量調整も可能です。この場合、選択範囲の両端は、スムーズな音量調整がされるように、フェードが調整されます。

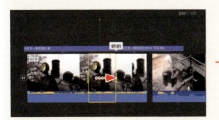

Rキーを押しながらドラッグして範囲を指定する　　　　音量コントロールを調整する

音をミュートする

クリップのオーディオ音をミュートすることもできます。

1　クリップを選択する

タイムラインで、音をミュートしたいクリップを選択します。

クリップを選択する

183

| Chapter 5 | オーディオを編集する |

2 ミュートをオンにする

[ミュート]ボタンを表示し、これをクリックしてオンにします。

音声がミュートの状態

❶ [調整]ボタン ⚙ をクリックして、[ボリューム]ボタン 🔊
をクリックする
❷ [ミュート]ボタンをクリックする

Point 著作権について知りたい

オーディオデータを利用する場合に注意したいのが、著作権です。基本的に、誰かが作成した効果音、BGM、あるいはビデオの音声データなどなど、音に関してはさまざまな著作権があります。これらのデータを利用したムービーを個人で視聴しているだけなら問題はありませんが、友人・知人に配布する、あるいはSNSで公開するとなると、著作権を侵害することになります。
著作権についてはとても重要ですので、JASRAC(日本音楽著作権協会)のWebサイトで確認しておくことをお勧めします。

JASRAC (http://www.jasrac.or.jp/)

Chapter 5 オーディオを編集する

5-2 サウンドクリップ(BGM)を追加する

編集中のムービーに、iTunesなどに取り込んだオーディオデータをBGMとして設定してみましょう。また、BGMとして利用するオーディオデータの音量調整やトリミングなどの編集方法についても解説します。

BGMを準備する

　iMovieでは、BGM用のオーディオデータをiTunesから取り込んで利用できます。また、iMovie自身にクリップとして取り込むことも可能です。

iTunesに取り込んでおく

　オーディオデータをiTunesに取り込んでおくと、そのままiMovieからも利用できるようになります。iTunesのオーディオデータは、コンテンツライブラリの「iTunes」を選択すると、ブラウザにオーディオデータの一覧が表示されます。

オーディオデータをiTunesに取り込んでおく

❶コンテンツライブラリの「オーディオ」をクリック
❷iTunesをクリックする
❸オーディオクリップとして利用できる
❹選択しているクリップの波形
❺iTunesでの「名前」

iMovieに取り込む

　Macのハードディスク上やUSBメモリなどに保存されているオーディオデータは、iMovieにクリップとして取り込み、ライブラリで管理できます。

Chapter 5　オーディオを編集する

［読み込み］ボタン■をクリックする

❶「読み込む」ウィンドウが表示される
❷「読み込み先」をクリックする
❸データの保存先ライブラリを選択する

❹デバイスをクリックする
❺読み込みたいデータの保存先フォルダをクリックする
❻読み込みたいデータを選択する
❼［選択した項目を読み込む］ボタンをクリックする

BGMデータが読み込まれ登録される

iTunesのBGMをタイムラインに追加する

　ここでは、iTunesに用意したBGM用のオーディオデータをオーディオクリップとしてタイムラインに追加する方法を解説します。追加は、「ブラウザ」パネルから、利用したいオーディオクリップをタイムラインにドラッグ&ドロップして行います。

1　クリップを選択する

　サイドバーの「コンテンツライブラリ」セクションで「iTunes」を選択すると、選択したコンテンツのデータがブラウザに一覧表示されます。ここで、利用したいオーディオクリップを選択します。

❶「オーディオ」をクリックする
❷「iTunes」をクリックする
❸ライブラリでオーディオクリップを選択する

186

Chapter 5　オーディオを編集する

Tips　オーディオクリップをプレビューする

ブラウザに表示されているオーディオクリップをプレビューしたい場合は、クリップを選択すると、「名前」の前に三角のプレビューボタンが表示されるので、これをクリックしてください。

[プレビュー]ボタンをクリックしてプレビューする

2　タイムラインにドラッグ&ドロップする

　クリップをタイムラインにドラッグ&ドロップします。このとき、ビデオクリップを配置するウェルとは独立した、オーディオクリップ専用のウェルである「バックグラウンド・ミュージック・ウェル」に配置します。

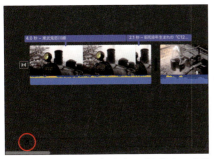

「バックグラウンド・ミュージック・ウェル」には♫マークが表示される

クリップをドラッグ&ドロップする

3　BGMが追加される

　BGM用のオーディオクリップがタイムラインに追加されます。追加したBGMは、スペースバーを押すなどクリップの再生方法で再生できます。

オーディオクリップが追加される

Chapter 5 オーディオを編集する

オーディオクリップのトリミング

「バックグラウンド・ミュージック・ウェル」に配置したオーディオクリップは、タイムラインにあるビデオクリップの影響を受けずにトリミングができます。

1 オーディオクリップを追加する

オーディオクリップをバックグラウンド・ミュージック・ウェルに追加すると、追加したオーディオクリップが映像より長いです。

追加したオーディオクリップ

2 クリップを自動トリミング

バックグラウンド・ミュージック・ウェルに追加したオーディオクリップの終端をドラッグし、継続時間を調整します。

↓

クリップの終端をトリミングする

ライブラリからオーディオクリップの一部を追加する

BGM用のオーディオクリップのうち、一部分だけを選択して利用することも可能です。ここでは、ライブラリのイベントに取り込んだクリップを利用して、クリップの一部をバックグラウンド・ミュージック・ウェルに追加してみましょう。

1 クリップを選択する

「マイメディア」のブラウザでクリップの「拡大／縮小」を操作し、クリップを選択しやすいように調整します。

❶ [調整] ボタン▣をクリックする
❷ スライダーを操作して表示を調整する
❸ これが利用するオーディオクリップ

188

| Chapter 5 | オーディオを編集する |

必要な範囲を選択する

Rキーを押しながらクリップ上をドラッグして、必要な範囲を選択します。選択した範囲は、黄色い枠で表示されます。

必要な範囲を選択する

タイムラインに追加する

選択した範囲を、タイムラインのバックグラウンド・ミュージック・ウェルにドラッグ&ドロップして追加します。

クリップを追加する

クリップを移動する

タイムライン（バックグラウンド・ミュージック・ウェル）に追加したクリップは、ドラッグで配置位置を変更できます。

クリップをドラッグする　　　　　　　　　　位置を変更できる

189

Chapter 5　オーディオを編集する

開始位置の調整

　オーディオクリップの位置調整では、プロジェクトの先頭の位置などが重要になります。プロジェクトで、ビデオクリップの先頭にトランジションを配置した場合、映像とBGMを同時に再生するか、トランジションの開始と同時に再生するか、微妙なところです。何度も再生を繰り返し、どの位置から再生を開始した方がムービーとして適切かを判断してください。

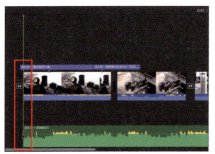 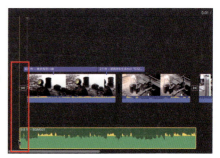

映像と同時に再生開始　　　　　　　　　　　トランジションと同時に再生開始

BGMの音量を調整する

　バックグラウンド・ミュージック・ウェルに配置したオーディオクリップの音量調整は、180ページで解説したのと同じ方法で調整できます。

音量スライダーで調整する

　ツールバーの[調整]ボタン をクリックして調整バーを表示し、[ボリューム]ボタン をクリックしてください。音量コントローラーの「音量スライダー」をドラッグして音量を調整します。

◎音量スライダーの調整

音量を上げる	「音量」スライダーを右にドラッグ
音量を下げる	「音量」スライダーを左にドラッグ

❶[ボリューム]ボタン をクリックする
❷「音量」スライダーを調整する

190

Chapter 5　オーディオを編集する

音量コントロールで調整する

　タイムラインのクリップ上で音量を調整します。クリップにあるオーディオ波形を横切る音量コントロールにマウスを合わせると、マウスポインタが[♦]の形に変わります。この状態で、音量コントロールを操作します。

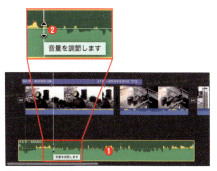

❶クリップを選択する
❷「音量コントロール」にマウスを合わせるとマウスの形が変わる

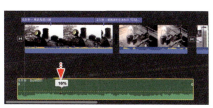

下にドラッグすると音量が下がる

上にドラッグすると音量が上がる

Chapter 5 オーディオを編集する

5-3 サウンドエフェクトを設定する

iMovieには、「サウンドエフェクト」という効果音が搭載されています。これを効果的に利用することで、ムービーがグッと楽しい映像に仕上がります。なお、効果音は「バックグラウンド・ミュージック・ウェル」でなく、クリップと関連づけて追加します。

効果音を追加する

iMovieの「コンテンツライブラリ」にある「サウンドエフェクト」には、多数の効果音が搭載されています。これをビデオクリップに接続することで、より印象的なムービーに仕上げられます。

1 サウンドエフェクトを表示する

サイドバーの「コンテンツライブラリ」で「サウンドエフェクト」を選択すると、ブラウザにサウンドエフェクトの一覧が表示されます。

❶「オーディオ」をクリックする
❷「サウンドエフェクト」を選択する
❸エフェクト一覧が表示される

2 エフェクトをプレビューする

エフェクトにマウスを合わせると、エフェクトの名前の前にプレビューボタンが表示されます。これをクリックすると、エフェクトを再生できます。

プレビューボタンをクリックする

192

| Chapter 5 | オーディオを編集する |

3 効果音を追加する

　効果音を選択したら、タイムラインにドラッグ&ドロップして追加します。エフェクトのクリップは、ビデオクリップの下に配置します。これによって、ビデオクリップとエフェクトのクリップが接続されます。

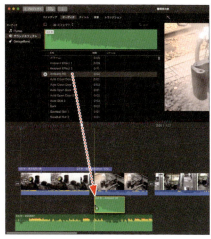

エフェクト名をドラッグ&ドロップする

Point ビデオクリップと接続

　ビデオクリップの下にオーディオクリップを追加すると、ビデオクリップに接続されます。このとき、オーディオクリップからの接続を示す「ツメ」が表示されます。

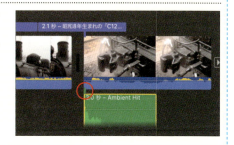

4 配置場所を調整する

　タイムラインに配置してクリップに接続したエフェクトクリップは、ドラッグ&ドロップによって配置場所を変更できます。

クリップをドラッグする　　　　　　　　　　　配置場所を変更可能

193

Chapter 5　オーディオを編集する

5　効果音のトリミングについて

エフェクトクリップは、先端、終端をドラッグすることで、クリップをトリミングできます。

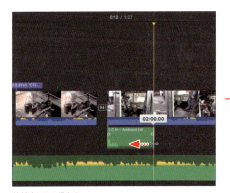
終端をドラッグする

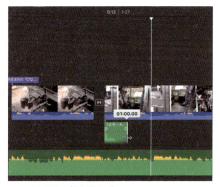
エフェクトクリップをトリミング

> **Point　トリミング時の注意**
> 継続時間を短くはできますが、長くはできません。長くできるのは、継続時間を短くしたクリップの長さを元に戻すときだけです。

他のクリップの音量を下げる

　エフェクトクリップに加え、BGMやオーディオデータを含むクリップを同時に再生する場合、特定のクリップの音がよく聞こえるように、他のクリップの音量を自動的に下げることができます。iMovieでは、この処理を「ダッキング」と呼んでいます。ダッキングは、ここで紹介するエフェクトクリップだけでなく、この後で解説しているナレーションのクリップ（→P.204）とBGMとを合成するときなどに利用すると、とても効果的です。

1　クリップを選択する

タイムラインで、よく聞こえるようにしたいオーディオクリップを選択します。

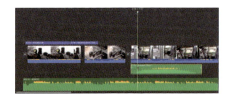
クリップを選択する

194

Chapter 5　オーディオを編集する

2　「ほかのクリップの音量を下げる」を選択する

ツールバーの[調整]ボタンをクリックして調整バーを表示し、[ボリューム]ボタンをクリックしてください。音量コントローラーの「ほかのクリップの音量を下げる」が表示されるのでチェックを入れ、右にあるスライダーをドラッグして、選択したクリップ以外のクリップの音量を調整します。

❶ [ボリューム]ボタンをクリックする
❷ 「ほかのクリップの音量を下げる」のチェックボックスをオンにする

3　音量が調整される

選択したクリップと同じ範囲内にあるクリップの音量が、低くなります。選択したクリップの音量は変わりません。

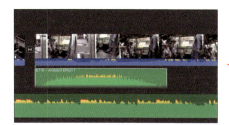

調整前

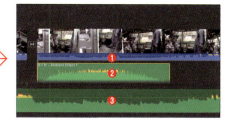

❶ビデオクリップの音量が下がる
❷エフェクトクリップの音量は変化しない
❸BGMの音量も下がる

4　音量のレベルを調整する

ダッキングで音量を低くするときの度合いは、チェックボックスの右にあるスライダーで調整します。

◎音量スライダーの調整

左にドラッグ	音量の下がり具合を小さくする
右にドラッグ	音量の下がり具合を大きくする

「音量」スライダーを調整する

195

Chapter 5　オーディオを編集する

5-4 オーディオを調整する

iMovieでは、オーディオクリップに対して、さまざま処理を設定することができます。これらの機能を利用することによって、オーディオのパートをより効果的に利用し、オリジナリティのあるムービーが作成できます。

ビデオと音声を分離する

　iMovieでは、ビデオカメラで撮影した映像を読み込むと、映像と音声が1つになったクリップとして扱われます。この映像部とオーディオ部分を切り離し、それぞれ別のクリップとして扱うことができます。

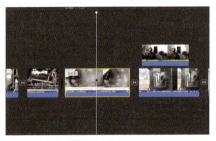
分割したいクリップを選択する

クリップ上で右クリックし、表示されたメニューから「オーディオを切り離す」を選択する

ビデオとオーディオが分割される

➡ショートカットキー

ビデオと音声を分離する	option + ⌘ + B キー

Tips メニューバーから実行

メニューバーから「変更」→「オーディオを切り離す」を選択しても、同じ操作を実行できます。

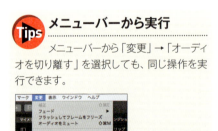

196

Chapter 5　オーディオを編集する

フェードイン／フェードアウトを設定する

　音が徐々に大きくなるフェードイン、徐々に小さくなるフェードアウトは、タイムラインのクリップ上で操作できます。オーディオクリップのオーディオ波形にマウスを合わせると、クリップの左右に丸い「フェードハンドル」が表示されます。これをドラッグして設定します。

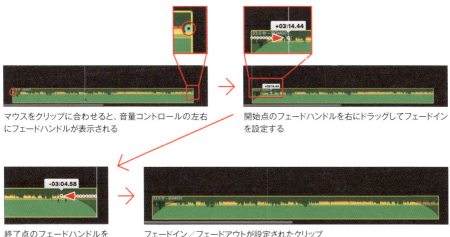

マウスをクリップに合わせると、音量コントロールの左右にフェードハンドルが表示される

開始点のフェードハンドルを右にドラッグしてフェードインを設定する

終了点のフェードハンドルを右にドラッグしてフェードアウトを設定する

フェードイン／フェードアウトが設定されたクリップ

Tips　フェードハンドルの表示について

　音声コントロールの左右に表示されるハンドルは、ビデオクリップの場合、表示されるクリップと表示されないクリップがあります。

キーフレームを利用して音量調整する

　「キーフレーム」を利用した音量調整も可能です。たとえば、クリップの一部だけ音量を下げたい、あるいは音量を上げたいといったときに便利です。単に音量調整だけなら180ページで解説した範囲指定を利用した調整もできますが、時間の経過に合わせて音量調整したい場合には、キーフレームがおすすめです。

キーフレームを利用した音量調整

Chapter 5　オーディオを編集する

1　クリップを選択する

タイムラインで、音量を調整したいクリップを選択します。

クリップを選択する

2　キーフレームを追加する

選択したクリップの波形で、音量コントロールのキーフレームを追加したい位置にマウスポインタを合わせて[option]キーを押してください。キーフレームが追加されます。

[option]キーを押しながらクリックする

キーフレームが追加される

キーフレームを複数追加する

キーフレームは2つ以上設定する

音量調整は2つのキーフレームの間で行われます。したがって、時間の経過に合わせてオーディオを調整するためには、2つ以上のキーフレームを追加する必要があります。

Chapter 5 オーディオを編集する

3 キーフレームを操作する

音量コントロールに設定したキーフレームは、ドラッグで設定した位置を変更できます。

 →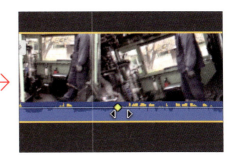

キーフレームをドラッグして変更位置を調整できる

キーフレームを削除する

設定したキーフレームが不要になった場合は、右クリックして削除します。

❶キーフレームを右クリックする
❷「キーフレームを削除」を選択する

4 キーフレームを操作する

　設定したキーフレームを上下にドラッグすることで、音量を調整します。また、2つのキーフレーム間の音量を調整するには、キーフレーム間の音量コントロールを上下にドラッグします。

◎キーフレームを上下する

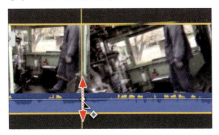 →

| Chapter 5 | オーディオを編集する |

◎音量コントロールを上下する

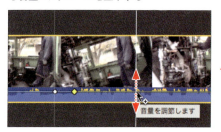 →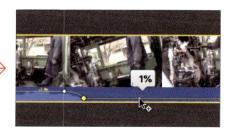

 波形も同時に変化する
キーフレームの操作によって、クリップの波形も同時に変化します。

オーディオを自動的にノーマライズする

　ボリュームコントロールにある[自動]ボタンを利用すると、複数のクリップ内の音量を平均化してくれます。音量が大きい場合は音量を下げ、音量が小さい場合は音量を自動的に上げてくれます。このように、クリップの音量を最適なレベルに調整することを、「ノーマライズ」ともいいます。

1 複数のクリップを選択する

　タイムラインで、自動的に音量調整したいクリップを複数選択します。連続したクリップを複数選ぶ場合は、[shift]キーを押しながらクリップを選択します。

クリップを複数選択する

2 [自動]を適用する

　ツールバーの[ボリューム]ボタン🔊をクリックして調整バーを表示し、音量コントローラーの左端にある[自動]ボタンをクリックして、音量を自動調整します。

❶ [ボリューム]ボタン🔊をクリックする
❷ [自動]ボタンをクリックする

| Chapter 5 | オーディオを編集する |

Point　BGMには影響しない

タイムラインのバックグラウンド・ミュージック・ウェルに追加したBGMデータには、[自動]の設定は影響しません。バックグラウンド・ミュージック・ウェルは、ビデオクリップとは別の独立した編集領域になっています。

Tips　[自動]を無効にする

[自動]の設定は、もう一度[自動]ボタンをクリックして無効にできます。

背景ノイズを軽減させる

　ビデオクリップで背景ノイズが気になる場合、iMovieには、クリップ全体の音量を下げずに、ビデオクリップの背景ノイズだけを自動的に低減させる「背景ノイズを軽減」機能が搭載されています。なお、ノイズを軽減させることを「ノイズリダクション」と呼んでいます。

1　「背景ノイズを軽減」を有効にする

　背景ノイズを軽減したいクリップを選択し、ツールバーの[ノイズリダクションおよびイコライザ]ボタンをクリックして調整バーを表示します。ここでノイズ軽減コントロールが表示されるので、「背景ノイズを軽減」のチェックボックスをオンにします。

クリップを選択する

❶ [ノイズリダクションおよびイコライザ]ボタン■をクリックする
❷ 「背景ノイズを軽減」のチェックボックスをオンにする

ノイズが軽減される

201

2 レベルを調整する

「背景ノイズを軽減」のレベルを調整するには、スライダーを右にドラッグし、ノイズをさらに減らす場合は左にドラッグします。クリップを再生して調整の効果を確認しながら、「背景ノイズを軽減」スライダーを微調整して最適な位置を見つけます。

レベルを調整する

Point レベルの調整について

背景ノイズ軽減では、クリップの元の音量に対する割合で調整します。0%に設定すると背景ノイズがまったく軽減されず、100%に設定すると背景ノイズが最大限に軽減されます。

イコライザプリセットを利用する

「イコライザ」というのは、音声信号の周波数特性を変更することで、音を加工する機能のことをいいます。iMovieには、クリップのオーディオデータを補正や修正するためのイコライザが、プリセットとして登録されています。たとえば、小さな音量でも迫力のある音を楽しめるように加工する「ラウドネス」や、声の明瞭度をアップする「ボイスエンハンス」などを搭載しています。

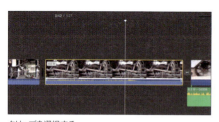

クリップを選択する

❶ [ノイズリダクションおよびイコライザ] ボタンをクリックする
❷ [プリセット] ボタンをクリックする
❸ プリセットを選択する

Chapter 5　オーディオを編集する

Point プリセットの設定状態

クリップにプリセットが設定されると、[ノイズリダクションおよびイコライザ]ボタンが青い状態で表示されます。これは、そのクリップに対してプリセットなどが有効になっていることを示しています。

青いラインが表示される

オーディオエフェクトを追加する

iMovieには、音声やサウンドに対してエフェクト効果を設定することで、オーディオに特殊な表現をプラスできる、「オーディオエフェクト」が搭載されています。

1　オーディオエフェクトのボタンをクリックする

オーディオエフェクトは、クリップに対してオーディオエフェクトの一覧からプリセットを選択するだけで適用できます。その一覧を表示するには、エフェクトボタンをクリックします。

エフェクトを設定したいクリップを選択する

❶[クリップフィルターとオーディオエフェクト]ボタン をクリックする
❷オーディオエフェクトの[プリセット]ボタンをクリックする

2　プリセットを選択する

オーディオエフェクトの一覧ウィンドウが表示されたら、利用したいプリセットにマウスを合わせます。このとき、クリップが自動的に再生され、プリセットの効果を視聴できます。マウスを合わせたプリセットを利用するときには、プリセットのアイコンをクリックします。

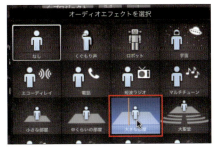

プリセットにマウスを合わせてプレビューし、良ければクリックする

203

Chapter 5　オーディオを編集する

5-5　アフレコを利用する

「アフレコ」とは、ビデオの解説などをマイクを使って録音することをいいます。iMovieのアフレコ機能では、録音したアフレコデータをプロジェクトに簡単に追加できます。ここでは、アフレコの追加方法について解説します。

マイクの準備

　アフレコを行うには、MacBookなどマイクを内蔵している機種以外の場合、Macにマイクを接続しておく必要があります。この場合、マイクは、「サウンド」の設定パネルで「ライン入力」として認識されます。また、USB経由でのマイク接続も可能です。
　なお、マイクを接続した場合は、マイクからの音声が音割れなどがしないように、入力レベルを調節しておくとよいでしょう。

Macに接続したマイクを調整する

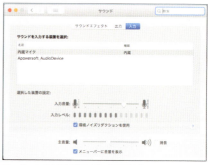
MacBookなどは内蔵マイクを利用する

USBデバイスにマイクを接続して利用する場合

 サウンド入力デバイスを利用する

MP3プレイヤーなどサウンドデバイスからオーディオ出力された信号をMacに入力して利用する場合は、Macのライン入力端子に接続して利用します。

204

| Chapter 5 | オーディオを編集する |

アフレコを実行する

　マイクの準備ができたら、アフレコを行ってみましょう。アフレコを追加したいプロジェクトを開き、作業を開始します。

1 入力位置を決める

　タイムラインで、アフレコを開始したい位置に再生ヘッドを移動し、アフレコ開始の準備をします。アフレコで録音したデータは、再生ヘッドを配置した場所を先頭として追加されます。

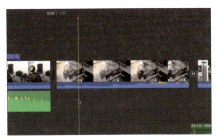

アフレコを開始したい位置に再生ヘッドを合わせる

2 [アフレコ]ボタンを表示する

　メニューバーから「ウインドウ」→「アフレコを録音」を選択すると、ビューア画面下にアフレコのボタン 🎤 が表示されます。また、[収録を開始]ボタン、[アフレコのオプション]の2つのボタンも表示されます。

[アフレコを録音]ボタン🎤をクリックする

[収録を開始]ボタンをクリックする

205

Chapter 5　オーディオを編集する

Tips マイクレベルを調整する

マイクの入力レベルは、Macのシステム環境設定にある「サウンド」で調整できますが、表示された[アフレコのオプション]ボタンでも調整できます。

❶[アフレコのオプション]ボタンをクリックする
❷マイクの入力レベルを調整

3 アフレコを収録する

アフレコを実行し、収録を開始します。[収録を開始]ボタンをクリックするとカウントダウンが開始されるので、カウントダウンが「0」になったらマイクに向かって話し始めます。

 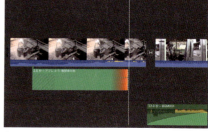

❶カウントダウンが開始される
❷録音中は収録ボタンが赤く表示される

収録が開始されるので、マイクに向かって話す

➡ショートカットキー	
アフレコ	Vキー

Tips 入力レベルを確認

[収録を開始]ボタンの左には、入力レベルのメーターがあります。このレベルを確認しながら話します。

レベルメーターが表示されている

206

アフレコを停止する

収録を停止する場合は、もう一度[収録を開始]ボタンをクリックします。なお、収録を停止すると、タイムラインに波形が表示されます。このとき、「ほかのクリップの音量を下げる」が自動的に適用されます。

アフレコの波形が表示され、自動的に「ほかのクリップの音量を下げる」が適用されている

再度、[収録を停止]ボタンをクリックする

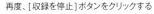

Point アフレコのクリップ

アフレコで収録したデータは、「VO-1:＜ファイル名＞」というように名前が表示されます。

Point タイムラインにサウンドエフェクトがある場合

アフレコを入力するタイムラインの途中に、サウンドエフェクトなどが設定されている場合は、別のトラックに配置されます。

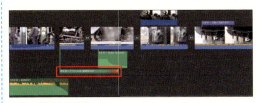

アフレコ収録中の状態

アフレコ収録を終了した状態

207

Chapter 5　オーディオを編集する

5-6 GarageBandで作成したオーディオデータを利用する

GarageBandは、自分だけのオリジナルの音楽を制作するサウンド作成ツールです。GarageBandを利用すると簡単に自分の好みの曲を作れ、しかも、作成した曲はiMovieに取り込んで、BGMやサウンドエフェクトとして利用できます。

GarageBandで曲を作成する

GarageBandは、自分だけのオリジナルな音楽を制作するためのアプリケーションです。そして、GarageBandで作成した曲は、iMovieでも利用できます。

GarageBandを起動する

「新規プロジェクト」を選択する

曲を作成する

Chapter 5 オーディオを編集する

GarageBandのプロジェクトをBGMとして利用する

GarageBandで作成したプロジェクトは、ダイレクトにiMovieのプロジェクトでBGMとして利用できます。

1 GarageBandのプロジェクトを選択する

サイドバーの「コンテンツライブラリ」で「GarageBand」を選択すると、ブラウザにGarageBandのプロジェクトが表示されます。

❶「オーディオ」をクリックする
❷「GarageBand」を選択する
❸GarageBandのプロジェクトが表示される

2 プロジェクトをプレビューする

プロジェクトにマウスを合わせると、エフェクトの名前の前にプレビューボタンが表示されます。これをクリックすると、プロジェクトの曲を再生できます。

プレビューボタンをクリックする

3 プロジェクトを追加する

利用したいGarageBandのプロジェクトを、タイムラインにドラッグ&ドロップして追加します。プロジェクトは、タイムラインの「バックグラウンド・ミュージック・ウェル」に追加します。

エフェクト名をドラッグ&ドロップする

209

| Chapter 5 | オーディオを編集する |

「ほかのクリップの音量を下げる」を無効にする

　サウンドエフェクトなどをビデオクリップに接続して追加し、さらに「ほかのクリップの音量を下げる」が有効になっていると、BGMとして配置したGarageBandのプロジェクトに対しても、自動的に音量が下げられる効果が適用されます。

「ほかのクリップの音量を下げる」の効果が無効

「ほかのクリップの音量を下げる」の効果が有効

Chapter 6

ムービーを出力／共有する

iMovieで編集した映像データは、ムービーという形でさまざまなメディア、デバイスに出力できますが、これを「共有」と呼んでいます。FacebookやYouTubeでの共有はもちろん、iMovie Theaterでは、iCloudを利用した共有ができます。ここでは、ムービーの出力と共有方法について解説します。

| Chapter 6 | ムービーを出力／共有する |

6-1 ビデオファイルとして出力する

iMovieで編集したムービーを、動画ファイルとして出力してみましょう。iMovieからは、MPEG-4形式のmp4ファイルを書き出すことができます。

MPEG-4形式のファイルを出力する

　iMovieで編集を終えたプロジェクトから、「動画ファイル」という形でムービーを出力してみましょう。iMovieには、共有機能に「ファイル」という共有方法があります。これを利用すると、MPEG-4形式のMP4ファイルでムービー出力できます。

1　共有方法の選択

　ツールバーの[共有]ボタン をクリックし、「ファイル」を選択します。

「ファイル」を選択する

2　解像度などを選択する

　ダイアログボックスが表示されるので、「解像度」をクリックしてメニューを表示し、利用目的に応じて出力するファイルの解像度を選択します。その他のオプションも、利用目的に応じて選択します。

212

Chapter 6　ムービーを出力／共有する

3　ファイルの保存を実行する

ダイアログボックスの[次へ...]ボタンをクリックすると、ファイル名とファイルの保存先を設定するダイアログボックスが表示されます。ここでファイル名と保存先のフォルダを設定し、[保存]ボタンをクリックします。

❶ファイル名を入力する
❷ファイルの保存先を指定する
❸[保存]ボタンをクリックする

4　トランスコード情報を確認する

ファイル出力が開始されると、ツールバーの右側にアクティビティインジケータが表示されます。アクティビティインジケータをクリックすると詳細が表示されます。このインジケータは処理が完了すると消えます。

アクティビティインジケータをクリックして情報を表示

5　出力が完了する

ファイル出力が完了すると、「共有は正常に完了しました」と表示されます。

完了のメッセージ

6　ファイルを再生

出力したファイルをダブルクリックすると、QuickTime Playerで再生されます。

出力されたファイルをダブルクリック

QuickTime Playerが起動する

縦位置出力はできない

iPhoneで撮影した映像は、縦位置の場合もあります。このような映像を再生して出力すると、画面の左右に黒いボックスが表示されて出力されます。以前のiMovieでは、QuickTime形式を選択すると、フレームサイズをユーザーが指定して出力できたのですが、今回のiMovieでは、それができません。したがって、縦位置での出力には対応できません。

213

Chapter 6 ムービーを出力／共有する

6-2 iMovie Theaterで共有する

iMovie Theaterは、iCloudと連携して、ムービーや予告編、クリップを追加／管理するための機能です。iMovie Theaterを利用すると、他のiCloudに対応したパソコンやデバイスでも、ムービーなどを共有できるようになります。

iMovie Theaterについて

iMovie Theaterは、作成したムービーや予告編、クリップを追加し、これらを楽しむための機能です。しかも、iCloudと連携することで、他のMacやiOSデバイス、Apple TVなどでもiMovie Theaterを介して鑑賞することができます。

iMovie Theaterでムービーを共有する

iCloudとの連携のために

iMovie Theaterを活用するには、iCloudとの連携が必須です。iCloudと連携していると、iMovie Theaterでの共有と同時に、iCloudへのアップロードも実行されます。これによって、他のMacやiPhone、iPadなどのデバイスでも、iMovie Theaterを介してムービーを共有できるようになります。そのため、iCloudに自動的にデータのアップロードができるように、iCloudを設定しておく必要があります。

 Macのシステム環境設定で「iCloud」を選択する

| Chapter 6 | ムービーを出力／共有する |

❶ iCloud Driveにチェックを入れる
❷ [オプション....]をクリックする

❸ 「iMovie」をオンにする
❹ [完了]ボタンをクリックする

iMovie Theaterに共有を実行する

編集を終えたムービーを、iMovie Theaterを利用して「Theater」で共有しましょう。

1 「Theater」を選択する

ブラウザでプロジェクトを開いて編集を行い、[共有]メニューから「Theater」を選択します。

プロジェクトを編集

❶ [共有]ボタン をクリックする
❷ 「Theater」を選択する

Tips 3つのバージョンを自動作成

iCloudへアップロードすると、同時に「高品質」、「標準品質」、「最高品質」という3つのバージョンのムービーを自動作成します。これらのバージョンの作成中は、iMovieのツールバー右上にアクティビティインジケーターが表示されます。このインジケータをクリックすると、作成中のムービー情報が確認できます。

アクティブインジケーターをクリックすると情報が表示される

215

| Chapter 6 | ムービーを出力／共有する |

2　ムービー作成が開始される

ムービーの作成が開始されると、Theaterで進行状況が表示されます。また、ツールバーの右側にアクティビティインジケータが表示されます。アクティビティインジケータをクリックすると、詳細が表示されます。

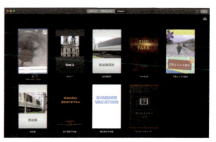

ムービー作成が開始される

3　Theaterに登録される

iCloudへのアップロードが終了すると、Theaterで鑑賞できるようになります。また、画面右上にはiCloudのアイコンが表示され、iCloudでの利用が可能なことが分かります。

Theaterに登録される

4　iPhone、iPadでも鑑賞できる

iPhoneやiPadにiOS版iMovieをインストールすると、iMovie Theaterを介してこれらのデバイスでもムービーや予告編を鑑賞できます。

iPhoneのiMovie Theaterで確認

iPadのiMovie Theaterで確認

Chapter 6　ムービーを出力／共有する

Tips: iMovie Theaterから共有する

iMovie Theaterに追加したムービーや予告編は、iMovie Theaterから、さらにYouTubeやFacebookで共有することができます。

iMovie Theaterからの共有メニュー

iMovie Theaterから削除する

　iMovie Theaterに追加したムービーや予告編は、いつでも削除が可能です。たとえば、一部修正したなどいうときには、再度追加するためにも、削除方法を覚えておきましょう。

　なお、iMovie Theaterでの削除では、iCloudとの関連を考えることが重要です。ムービーは、iMovie Theaterの他、iCloudにもアップされている場合、iMovie TheaterとiCloudの双方のムービーを削除するのか、あるいはiMovie Theaterは残し、iCloudのムービーを削除するかなどです。

❶削除したいムービーを選択する
❷ ボタンをクリックする
❸「削除...」を選択する

削除方法を選択する

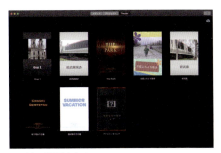

ムービーが削除される

217

Chapter 6　ムービーを出力／共有する

Point 削除のポイント

・すべての場所で削除
iMovie TheaterとiCloud双方からムービーを削除する。したがって、iMovie Theater、iCloud どちらでも再生ができなくなる。

・iCloudから削除
iCloudにアップされているムービーを削除する。したがって、他のMacやiOSデバイスでは再生できない。ただし、自分のiMovie Theaterにはムービーが残る。

Tips Theaterからビデオ編集に戻る

　　iMovie Theaterからムービーの編集画面に戻るには、ツールバーにある「プロジェクト」をクリックしてください。プロジェクト選択画面が表示されるので、編集したいプロジェクトを選択します。

| Chapter 6 | ムービーを出力／共有する |

6-3 予告編をYouTubeで公開する

作成したムービーや予告編を、YouTubeで公開してみましょう。ここでは、本書で作成した予告編をYouTubeで公開する手順を解説します。

YouTubeで予告編を公開する

　YouTubeでは、iMovieで作成した予告編ムービーが、世界各国のユーザーによってアップされ、公開されています。なお、YouTubeでの公開には、YouTubeのアカウントが必要になります。事前に、YouTubeのアカウント名とパスワードを取得していてください。

1 予告編を表示する

　YouTubeで公開したい予告編を表示します。修正があれば、ここで確認しておきましょう。

予告編を開く

2 共有を選択する

　ツールバーの[共有]ボタン をクリックし、表示されたメニューから「YouTube」を選択します。

「YouTube」を選択する

219

| Chapter 6 | ムービーを出力／共有する |

3 ムービー情報を設定する

　YouTubeの設定ダイアログボックスが表示されるので、アップするムービーに関しての情報を設定します。[次へ...]ボタンをクリックしてください。

[次へ...]ボタンをクリックする

「サイズ」を選択する

　アップロードするムービーの解像度を選択します。通常、「HD 1080p(1920×1080)」を選択しておけば、アップロード後、きれいな映像で確認することもできます。

解像度を選択する

「カテゴリ」を選択する

　検索時に利用するカテゴリを選択します。作成した予告編の内容に適切なカテゴリを選びます。

カテゴリを選択する

「プライバシー」を選択する

　「プライバシー」では、公開、非公開の方法を選択します。たとえば、特定のユーザーにのみ公開する場合は、「限定公開」を選択します。

公開方法を選択する

非公開	公開しない
限定公開	特定のユーザーのみ閲覧できる
公開	誰でもが自由に閲覧できる

| Chapter 6 | ムービーを出力/共有する |

サインインする

サインインを促すメッセージが表示されるので、「サインイン」をクリックします。

「サインイン」をクリックする

アカウントを入力する

　YouTubeのアカウント名とパスワードを入力して、[次へ]ボタンをクリックします。ウィザードにしたがってログイン処理を進め、最後に[OK]ボタンをクリックします。

手順に従ってサインインする

利用規約に同意する

利用規約が表示されるので、確認して[公開]ボタンをクリックします。

[公開]ボタンをクリックする

221

Chapter 6　ムービーを出力／共有する

7　YouTubeで確認する

アップロードが終了したら、YouTubeのページでムービーを確認します。

YouTubeにアップしたムービー

 同時にTheaterにもアップする

YouTubeへのアップロードを行う際、同時にTheaterへも追加できます。下記の画面で、画面下の中央に「Theaterに追加」というチェックボックスがあります。このチェックをオンにすると、YouTubeへのアップロードのために行ったレンダリングのデータを、同時にTheaterにもアップしてくれます。これによって、YouTubeへアップロードしたムービーのリストとしてTheaterを利用できます。

Chapter 7

iPhone／iPadで
iOS版iMovieを利用する

iMovieは、iOS版もあります。Mac版のiMovie
同様に、テーマや予告編といった機能はもちろん、
iPhoneや iPadで撮影した映像データを、その場
で手軽に編集し、FacebookやYouTubeで公開
できるなど、グッと動画の活用範囲を広げてくれます。
ここでは、iPhone版のiMovieを中心に、操作方
法を解説します

Chapter 7　iPhone／iPadでiOS版iMovieを利用する

7-1 プログラムを入手する

iPhoneやiPadでiMovie編集をするには、まず編集プログラムを入手する必要があります。iPhone、iPad用のiMovieが販売されているので、これをiTunes Storeから入手しましょう。

iOS版iMovieを入手する

iPhoneやiPod Touch、あるいはiPadで撮影したムービーの編集には、iOS版iMovieがおすすめです。原稿執筆時（2018年7月）のバージョンは、「2.2.5」で、iOSは11.2以上が必要です。

AppStoreからiOS版iMovieを入手する

iPhone版とiPad版の違い

iOS版iMovieは、基本的に、iPhone、iPadとも同じプログラムがダウンロードされます。ただし、iPhoneとiPadでは、表示されるレイアウトやiPad独自のメニューなどもあります。なお、本書では、iPhone版のiMovieを基準に解説します。

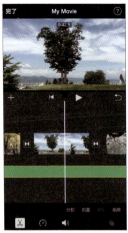

iPhoneのiMovie編集画面

iPadのiMovie編集画面

224

Chapter 7　iPhone／iPadでiOS版iMovieを利用する

7-2　iOS版iMovieのビデオブラウザを利用する

iOS版iMovieでは、iPhoneやiPadで撮影した映像データを利用してビデオ編集を行います。ここでは編集の前に、iMovieに搭載されたブラウザでムービーをプレビューする方法について解説します。

ビデオクリップをブラウズする

iMovieには、iPhoneやiPadなどのデバイスの「カメラロール」に保存されているビデオクリップを再生するためのビデオブラウザ機能が搭載されています。ここでは、このブラウザを利用したプレビュー方法について解説します。

1　Movieを起動する

iMovieを入手したら、アイコンをタップして起動します。

2　一覧画面を表示する

iMovieは、デフォルトで「ビデオ」画面表示で起動しますが、ビデオ画面でない場合は、最上部にある「ビデオ」をタップすると、カメラロールに記録されているビデオクリップの一覧画面が表示されます。

「ビデオ」をタップする

ビデオ画面を表示

225

Chapter 7　iPhone／iPadでiOS版iMovieを利用する

3　ビデオクリップを再生する

一覧から再生したいクリップを選択し、プレビューの中央に表示される[再生]ボタンをタップして、ビデオクリップを再生します。

 →  →

一覧で再生したいデータをタップする　　中央の[再生]ボタンをタップする　　映像が再生される

クリップの表示方法を変更する

一覧に表示されるクリップの並び順は、「新しい順」か「古い順」のどちらかの順に並べて表示できます。並べ順は、画面の下にある⇅ボタンをタップして変更メニューから選択します。

表示方法を選択

Tips　お気に入りマークを付ける

クリップを選択すると、画面下に♥マークが表示されます。これをタップすると、クリップに緑色のラインが設定されます。これによってお気に入りのモーメントとして設定され、表示方法のメニューから「お気に入り」をタップすると、お気に入りモーメントのクリップだけが表示できるようになります。

226

Chapter 7　iPhone／iPadでiOS版iMovieを利用する

クリップを送信する

　一覧でクリップを選択し、画面右上にある[シェア]ボタン■をタップすると、ムービークリップを共有するメニューが表示されます。編集を終えたムービーや予約編ムービーを公開するときなどは、ここから送信方法を選択／利用します。

[シェア]ボタン■をタップ　　　　シェア方法を選択

操作が分からなくなったら

　操作方法が分からなくなった場合は、画面右下にある❷をタップすれば、ヘルプが表示されます。ヘルプによっては、タップするとさらに詳細情報が表示されるものもあります。

操作に困ったら❷をタップ

227

Chapter 7　iPhone／iPadでiOS版iMovieを利用する

7-3 iOS版iMovieプロジェクトの設定とクリップの追加

iPhone、iPadで撮影した映像データをクリップとして利用し、iOS版iMovieでビデオムービーを作成してみましょう。ここでは、iPhone版の画面を中心に操作手順を解説します。

ザックリとムービーが作られる

　iOS版iMovieを利用してのビデオ編集は、最初にムービープロジェクトの作成から開始します。プロジェクト作成を開始すると、利用したい素材を選択するだけで、ザックリとムービーが自動的にできあがってしまいます。それを、さらに編集していくという流れになります。

1　プロジェクト設定から素材選択画面の表示まで

　プロジェクト画面を表示して、新規プロジェクトを作成します。「ムービー」と「予告編」の選択メニューでは、「ムービー」を選択します。

上部中央にある「プロジェクト」をタップする　　新規プロジェクトの■をタップする　　ここでは「ムービー」をタップする

228

Chapter 7　iPhone／iPadでiOS版iMovieを利用する

2 「ムービー」を選択する

　カメラロール内にある写真と動画の一覧が表示されるので、利用したい写真、動画をタップして選択します。選択した素材の右下には、チェックマークが表示されます。

3 編集画面を表示する

　素材を選択したら、画面下にある「ムービーを作成」をタップしてください。選択した素材をまとめながら、編集画面が表示されます。

「ムービー作成」をタップする　　　　ムービー作成中　　　　　　　　編集画面が表示される

Chapter 7　iPhone／iPadでiOS版iMovieを利用する

Point ムービーが完成！

　iOS版iMovieの場合、編集画面が表示された時点で、ムービーは完成してます。画面左上に「完了」というボタンがあるので、これをタップすると1本のムービーが保存されます。なお、「編集」をタップすると再編集ができます。

ビデオクリップの追加

　iMovieのタイムラインにビデオクリップを追加してみましょう。ビデオクリップは、メディアライブラリから選択して追加します。

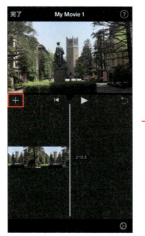

■をタップする　　　　　　　　　　　　カテゴリーは「ビデオ」を選択する

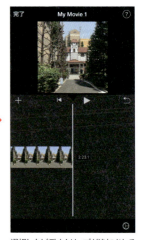

「すべて」を選択する　　❶追加素材をタップする　　　　選択したビデオクリップが追加される
　　　　　　　　　　　❷表示された操作ボタンで■をタップする

230

Chapter 7　iPhone／iPadでiOS版iMovieを利用する

必要範囲を選択して追加する

　メディアライブラリでクリップを選択するとき、必要な範囲を指定してタイムラインに配置してみましょう。

Tips ビデオをスキミングする

　タイムラインに配置したクリップをスキミング（手動でプレビュー）する場合は、タイムライン自身を左右にドラッグしてください。タイムラインが動いて、再生ヘッド位置の映像を確認できます。

クリップをタップする

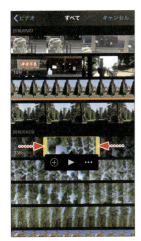

左右の黄色い太いラインをドラッグする

→

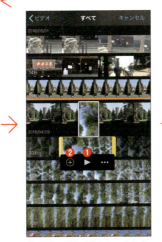

❶[再生]ボタンのタップでプレビューできる
❷＋をタップして追加する

→

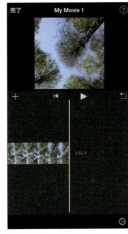

追加される

Point オレンジ色のライン

　タイムラインにクリップを配置すると、メディアライブラリのクリップの下側に、オレンジ色のラインが表示されます。これで、どのクリップのどの部分がプロジェクトで利用されているのかが確認できます。

231

クリップとクリップの間に追加

　メディアライブラリーからタイムラインにクリップを追加する場合、クリップは再生ヘッド（白いライン）の位置に追加されます。たとえば、クリップとクリップの間に再生ヘッドがあると、その位置にクリップが追加されます。

 →  →

❶再生ヘッドをクリップの間に合わせる　　クリップを選択して追加する　　クリップとクリップの間に挿入される
❷をタップする

クリップの削除

　タイムラインに追加したクリップを削除する場合は、クリップを選択して黄色い枠を表示させ、「削除」をタップします。

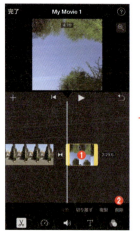 →

> **Tips 直前の操作を取り消す**
> 直前の操作を取り消したい場合は、矢印がカーブした[やり直し]ボタンをタップします

❶削除したいクリップを選択して黄色い枠を表示させる
❷右下の「削除」をタップする

選択したクリップが削除される

232

Chapter 7　iPhone／iPadでiOS版iMovieを利用する

7-4 クリップを編集する

タイムラインに追加したクリップに対しては、トリミングの他、コピーや分割、再生速度の変更などさまざまな編集作業を実行できます。ここでは、クリップに対する各種編集操作をまとめて解説します。

クリップのトリミング

クリップは、メディアライブラリから追加する際に、必要な範囲を選択して追加できます。しかし、タイムラインに配置してからでも、トリミングによって必要な範囲や継続時間の調整ができます。

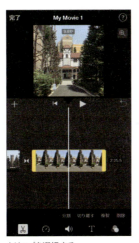
クリップを選択する

左右の黄色いバーをドラッグしてトリミングする

クリップのコピー作成

タイムラインに配置してあるクリップは、「複製」を利用してコピーを作成できます。

❶クリップを選択する
❷[複製]をタップする

クリップがコピーされる

233

クリップを分割する

継続時間の長いクリップは、クリップの途中で分割することができます。

 → 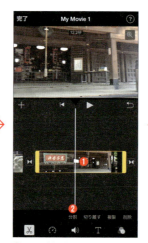 →

スキミングで分割したい位置を見つける　❶クリップを選択する　❷[分割]をタップする　クリップが分割される

「フリーズ」でイメージクリップを追加する

「フリーズ」は、ビデオクリップから1フレームを静止画像（フリーズクリップ）として切り出す機能です。切り出したフレームは、2秒の動画として利用できます。もちろん、選択して左右をドラッグすれば、トリミングで継続時間の変更も可能です。

 →

タイムラインをドラッグしてフリーズしたいフレームを見つける　❶クリップを選択する　❷[速度編集]■をタップする

Chapter 7　iPhone／iPadでiOS版iMovieを利用する

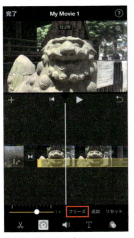
「フリーズ」をタップする

→

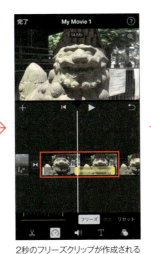
2秒のフリーズクリップが作成される

→

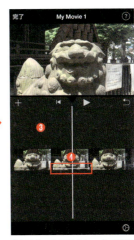
❸何もないところをタップして選択解除
❹白いラインがフリーズフレームの場所

スローモーション、早送りに設定する

　クリップの再生速度を、スローモーション、早送りに設定できます。設定できる速度は、「1/8x、1/4x、1/3x、1/2x、2/3x、4/5x、1x、1 1/4、1 1/2、1 3/4、2x」の中から選択できます。

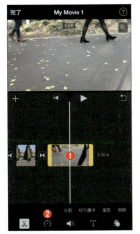
❶速度変更したいクリップを選択する
❷[速度編集] をタップする

→

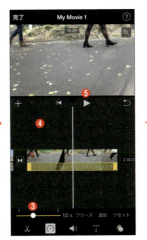
❸速度を選択する
❹何もないところをタップする
❺「再生」▶をタップする

→

再生して速度を確認する

235

Chapter 7　iPhone／iPadでiOS版iMovieを利用する

ビデオクリップを回転させる

　映像が表示されているビューアを親指と人差し指など2本の指で、時計回りか反時計回りにひねると、回転方向の矢印が表示されてクリップが回転します。クリップは90度ずつ回転します。

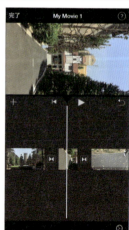

時計回りにひねったところ　　　　　クリップが回転する

クリップのズームレベルを調整する

　クリップを配置してあるタイムラインの中央で、ピンチイン、またはピンチアウトすると、タイムラインが拡大／縮小します。多くのクリップを追加して編集を行う場合は、必要に応じて、拡大／縮小しながら作業を行ってください。

- ピンチイン…… 2本の指でつまむように間を狭める
- ピンチアウト‥ 2本の指で間を広げる

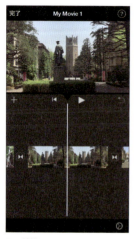

元の状態　　　　　　　タイムラインを拡大（縦位置）　　　タイムラインを縮小（縦位置）

236

Chapter 7　iPhone／iPadでiOS版iMovieを利用する

タイムラインを拡大（横位置）

タイムラインを縮小（横位置）

クリップの移動

　タイムラインに配置したクリップは、ドラッグ&ドロップで配置場所を変更できます。タイムラインでビデオクリップをタッチして押さえたままにしてタイムラインの外に出し、移動先までドラッグして指を離します。

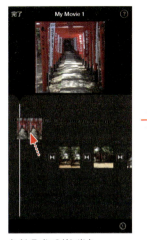 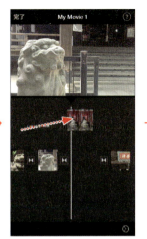 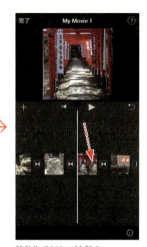

タイムラインの外に出す　　　　　ドラッグして…　　　　　　　　移動先でクリップを離す

237

| Chapter 7 | iPhone／iPadでiOS版iMovieを利用する |

Point 波形を表示する【iPad】

iPadのタイムラインでは、ビデオクリップのオーディオ部分の波形を表示したり、非表示にしたりと切り替えることができます。

[波形]ボタン のタップで切り替える

波形がオン

波形がオフ

ビデオ・オーバーレイ・エフェクトを利用する

クリップをメディアライブラリで選択してタイムラインに配置する際、▶ボタンの他に、いくつかボタンが並んでいます。これらのボタンは、次のような機能を備えています。

クリップを選択して ボタンをタップする

メニューが表示される
❶音声配置
❷カットアウェイ
❸ピクチャ・イン・ピクチャ
❹画面分割

238

| Chapter 7 | iPhone／iPadでiOS版iMovieを利用する |

音声配置
タイムラインに、映像はカットされ、音声データだけが配置されます。

カットアウェイ
メイン映像の再生中に、カットアウェイされた映像が割り込んで表示されます。

音声データだけが追加される

メイン映像を再生

カットアウェイの映像が割り込んで表示される

ピクチャ・イン・ピクチャ
親画面の中に子画面が表示されます。

239

Chapter 7　iPhone／iPadでiOS版iMovieを利用する

画面分割

再生中の画面が分割され、クリップが2つ並んで表示されます。

Tips　表示方法の変更

分割で配置したオーバーレイクリップを選択すると、タイムライン下にボタンが表示されます。ここで[分割]ボタン🔲をタップすると、配置位置を選択するボタンが表示されます。

 →

❶[分割]ボタン
❷分割方法を選択するボタン

このボタンをタップすると、分割の表示方法が変更されます。

Tips　子画面の位置変更

ピクチャ・イン・ピクチャのオーバーレイクリップを選択すると、[位置変更]ボタン、[ズームコントロール]ボタンがビューアに表示されます。これらを利用して、子画面の表示位置変更やズーム操作ができます。

❶[位置変更]ボタン
❷[ズームコントロール]ボタン

・子画面の位置変更　　　　　　　　　　　・子画面のズーム操作

 → 　　

❶オーバーレイクリップを選択する
❷ビューアにボタンが表示される
❸[位置変更]ボタンをタップする
❹ドラッグして位置を変更（サイズも自動調整される）
❺[ズームコントロール]ボタンをタップする
❻ピンチでズーム操作ができる

Chapter 7 iPhone／iPadでiOS版iMovieを利用する

7-5 タイムラインに写真を追加する

iOS版iMovieでは、Mac版のiMovieと同様に、タイムラインに写真を追加することもできます。また、追加した写真には、自動的にズームやパンなどの機能が設定され、フォトムービーも簡単に作成できます。

写真を追加する

iOS版iMovieのプロジェクトを作成し、このタイムラインに写真を追加してみましょう。タイムラインに追加した写真は、4秒の動画として配置されます（先頭と最後は5秒）。さらに、写真には、自動的にズームやパンといった動きが設定されます。

新規プロジェクトを作成する

「ムービー」をタップする

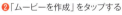
❶カメラロールで写真を選択する
❷「ムービーを作成」をタップする

ムービーを作成中

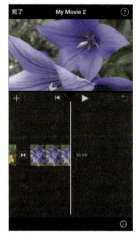
写真が配置された編集画面が表示される

241

Chapter 7　iPhone／iPadでiOS版iMovieを利用する

Tips　写真とビデオを併用
タイムラインには、写真とビデオクリップを一緒に追加して利用することができます。

Ken Burnsエフェクトでの写真の動きを調整する

写真に自動設定されている動きを「Ken Burnsエフェクト」といいます。この動きは、ユーザーが自在に変更できます。

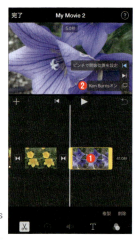

❶タイムラインで、調整したい写真をタップする
❷ビューア内のイメージの右下隅に Ken Burns エフェクトコントロールが表示される

 → 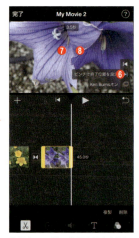 →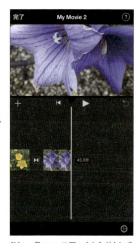

❸「ピンチで開始位置を設定」をタップする
❹ピンチして拡大／縮小する
❺必要に応じイメージをドラッグして表示位置を調整する

❻「ピンチで終了位置を設定」をタップする
❼ピンチして拡大／縮小する
❽必要に応じイメージをドラッグして表示位置を調整する

[Ken Burnsエフェクト]ボタンをタップするか、クリップの外をタップしして終了する

Chapter 7　iPhone／iPadでiOS版iMovieを利用する

7-6 トランジションを設定／変更する

ビデオクリップのシーンが切り替わるときに利用される特殊効果を「トランジション」といいます。トランジションは自動的に設定されていますが、トランジションをユーザーが変更、調整することができます。

トランジションの変更

　iOS版iMovieのプロジェクトでは、プロジェクト作成時に自動的にトランジションが設定されます。このトランジションのタイプを変更してみましょう。

トランジションをタップする

トランジション設定画面が表示される

トランジションのタイプを選択する

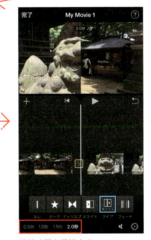
継続時間を選択する

再生して確認する

サウンドエフェクトをオン／オフする

　トランジションが実行される際、サウンドエフェクト（効果音）を併用することもできます。右下にスピーカーマークがありますが、これをタップしてオン／オフを切り替えます。

効果音がオフのとき

効果音がオンのとき

「プロジェクト設定」を利用する

　プロジェクトでは、そのプロジェクトを設定するときに選択したテーマのテンプレートデータ（事前の各種設定）を利用しています。これを変更したい場合は「プロジェクト設定」画面を表示し、各種オプションを変更してカスタマイズできます。

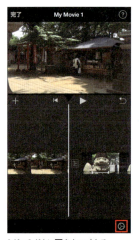
[ギア] ボタン■をタップする

「プロジェクト設定」画面の表示

トランジションポイントを詳細編集する【iPad】

　トランジションポイントの詳細編集では、クリップのどの位置にトランジションを設定するかを調整できます。なお、これはiPadのiMovieで利用できる機能です。iPhoneのiMovieでは利用できません。

❶トランジションをタップして選択する
❷画面右下にある[編集]ボタンをタップする

上の黄色いバーをドラッグする

位置が変更される

「黒へフェードアウト」を設定する

「プロジェクト設定」には、ワンタッチで設定できるテーマ曲や効果があります。たとえば、ムービーの最後に「黒へフェードアウト」を設定すると、エンディングのイメージがアップします。なお、効果を設定すると、クリップの右上に、効果を設定したマークが表示されます。

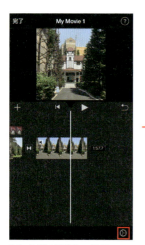
[ギア]ボタン◎をタップする

「黒へフェードアウト」をオンにする

効果を確認

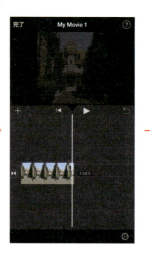

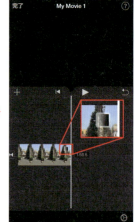
マークが表示されている

| Chapter 7 | iPhone／iPadでiOS版iMovieを利用する |

7-7 ムービーにテロップを設定する

プロジェクトには自由にタイトルを追加でき、各タイトルスタイルにはアニメーションが付加されています。ここでは、オープニングタイトルの作成を例に、テロップ入れの手順を解説します。

オープニングタイトルの設定

オープニングタイトルの作成例で、テロップの入れ方を解説します。オープニングタイトルは、ムービーの最初に表示されるタイトルです。

1 クリップを選択する

タイトルを設定するクリップを選択して、■をタップします。

❶クリップを選択する
❷■をタップする

2 スタイルの選択

タイトルスタイルが表示されるので、利用したいスタイルを選択します。

 →

スタイルが表示される　　❸スタイルを選択する
　　　　　　　　　　　　❹スタイルが適用される

247

Chapter 7　iPhone／iPadでiOS版iMovieを利用する

3　タイトルテキストを編集する

　ビューアでタイトルをタップすると、タイトル編集モードに切り替わります。ここで、テキストを入力／修正します。

 →  →

タイトルをタップする　　　　　　テキストを入力する

Tips　タイトルの表示位置を変更する

　タイトルメニューの左下には、タイトルの表示位置を選択するボタンがあります。ここで、「中央」や「下」などを選択し、表示位置を変更できます。

タイトルを「中央」に表示　　タイトルを「下」に表示

Point　タイトルマークが表示される

　タイトルを設定すると、設定したクリップの左上隅に、「T」アイコンが表示されます。

248

Chapter 7 iPhone／iPadでiOS版iMovieを利用する

4 再生してアニメーションを確認

タイトルスタイルは、事前にアニメーションが設定されています。再生して、これを確認します。

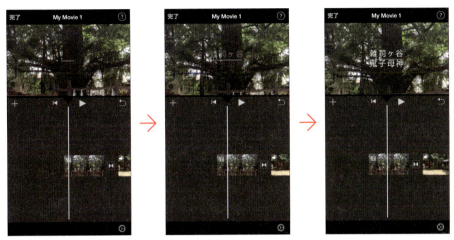

再生してアニメーションを確認

Chapter 7　iPhone／iPadでiOS版iMovieを利用する

7-8　ムービーのオーディオを操作する

iOS版iMovieでは、BGMや特殊効果、録音した独自のオーディオなどを追加できます。テーマによってはBGMが設定されているタイプもありますが、それらも自由に変更できます。ここでは、オーディオ関連の操作について解説します。

BGMを追加する

iOS版iMovieでは、次のようなオーディオデータをBGMとして利用できます。

- テーマが備えているBGM
- iTunesに登録されているオーディオデータ
- GarageBandなどで作成したオーディオデータ
- iTunes経由でiMovieに取り込んだオーディオデータ

たとえば、iTunesに取り込んである楽曲を利用する場合は、以下のように操作します。ただし、楽曲を利用する場合は、「著作権」に十分注意してください。

＋をタップする

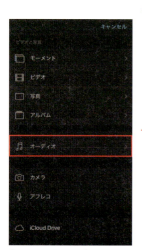

「オーディオ」をタップする

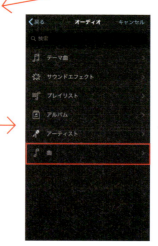

たとえば「曲」をタップする

利用したい楽曲を選択。[再生]ボタンで試聴できる

Chapter 7　iPhone／iPadでiOS版iMovieを利用する

 → 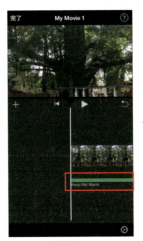 →

「使用」をタップする　　BGMとして配置される　　楽曲の長さは、ムービーの最後に合わせて自動トリミングされる

音量を調整する

　タイムラインに追加したBGMの音量は、BGMクリップをタップして選択状態にすると、画面下に音量調整用のスライダーが表示されます。これを利用して、音量を調整します。

 →

❶BGMを選択する　　スライダーで音量を調整する
❷「音量調整」 をタップする

251

Chapter 7　iPhone／iPadでiOS版iMovieを利用する

フェードイン、フェードアウトを設定する

　BGMにフェードイン、フェードアウトを設定してみましょう。BGMクリップを選択して「フェード」を選択すると、クリップの先頭、終端に[▼]マークが表示されます。これをドラッグして設定します。

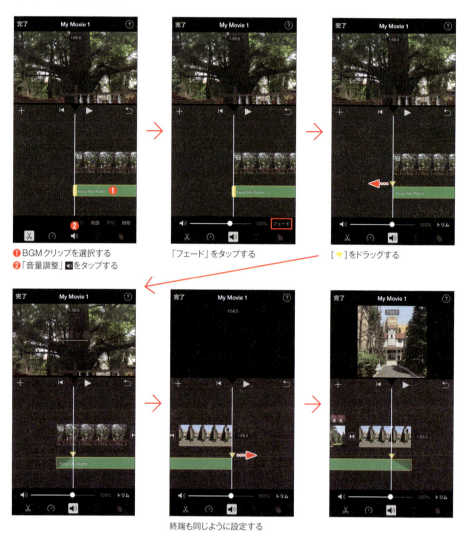

❶BGMクリップを選択する
❷「音量調整」🔊をタップする

「フェード」をタップする

[▼]をドラッグする

終端も同じように設定する

252

Chapter 7　iPhone／iPadでiOS版iMovieを利用する

サウンドエフェクトを追加する

　iMovieに搭載されている「サウンドエフェクト」は、BGMと同じ方法で選択、追加します。なお、サウンドエフェクトは、BGMとは別トラックに配置されます。

❶エフェクトを追加したい位置に再生ヘッドを合わせる
❷＋をタップする

「オーディオ」をタップする

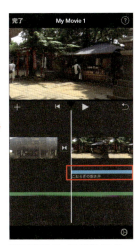

「サウンドエフェクト」をタップする

❸利用したいエフェクトを選択する
❹「使用」をタップする

BGMは別トラックに配置される

253

ビデオと音声を分離する

　ビデオクリップに記録されている音声データが不要な場合は、ビデオとオーディオを分離することができます。不要であれば、音声データ部分のみを削除します。

❶クリップを選択する
❷[オーディオ]🔊をタップする
❸[切り離す]をタップする

❹オーディオとビデオが分離される
❺音声部分を選択する

「削除」をタップして削除する

クリップ左上に、音声を切り離したアイコンが表示される

Chapter 7　iPhone／iPadでiOS版iMovieを利用する

7-9 プロジェクトを操作する

作成、編集したプロジェクトは、「プロジェクトブラウザ」で管理します。プロジェクトの再生や再編集、削除などの他、共有などもプロジェクトパネルから実行できます。

プロジェクトの詳細情報を表示する

iOS版iMovieで利用しているプロジェクトは、「プロジェクトブラウザ」で管理しています。ここでプロジェクトを選択すると、プロジェクトの情報と基本操作のためのオプションが表示されます。

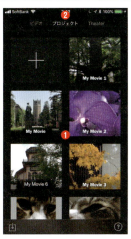

❶ iMovieを起動して「プロジェクトブラウザ」を表示する
❷ プロジェクトをタップする

❸ プロジェクトブラウザに戻る
❹ タップして再生
❺ タップして編集
❻ [再生]ボタン
❼ [プロジェクトの共有]ボタン
❽ [削除]ボタン

プロジェクトの再生

プロジェクトのプレビューか詳細情報にある[再生]ボタンをタップすると、編集中のプロジェクトを再生できます。

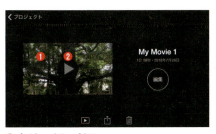

❶ プレビューをタップする
❷ [再生]ボタンをタップする

プロジェクトを再生

Chapter 7　iPhone／iPadでiOS版iMovieを利用する

プロジェクトの削除

プロジェクトの詳細情報にある[削除]ボタン🗑をタップすると、表示しているプロジェクトを削除できます。

[削除]ボタン🗑をタップする

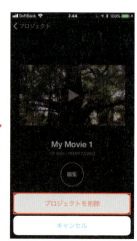
[プロジェクトを削除]をタップして削除する

名前をタップして入力モードに切り替える

プロジェクト名の変更

プロジェクト詳細画面にはプロジェクト名が表示されています。この名前をタップすると、プロジェクトの名前が変更できます。

モードが切り替わる

名前を変更する

256

Chapter 7 iPhone／iPadでiOS版iMovieを利用する

7-10 iOS版iMovieで予告編を作る

予告編は、長いムービーを要約して短時間で内容を伝えるものです。しかし、iMovieの予告編は、それ自体で作品として完成されたものです。いってみれば、予告編というジャンルのムービーで、思う存分ムービー作りが楽しめます。

テンプレートを選択する

iOS版iMovieには、14本の予告編テンプレートが準備されています。予告編については159ページでも解説しているので、そちらを参照してください。ここでは、さっそくiPhone、iPadでの予告編作りを開始しましょう。

予告編の編集、最初はテンプレートの選択からです。予告編のテンプレート一覧で、テンプレートをプレビューしながら選択します。

新規プロジェクトの+をタップする

「予告編」をタップする

❶テンプレートを選択する
❷[再生]ボタン▶をタップする

❸テンプレートをプレビューする
❹[作成]ボタンをタップする

257

Chapter 7　iPhone／iPadでiOS版iMovieを利用する

「アウトライン」を設定する

　アウトラインは、予告編ムービーの情報です。ムービー名やスタジオ、クレジットなどを自由に設定します。

「アウトライン」を設定

「絵コンテ」を仕上げる

　「絵コンテ」は、いわばムービーの台本のようなものです。ストーリーの流れにしたがってクリップを指定することで、ムービーができあがります。絵コンテには、四角いイラストの「プレースホルダウェル」と、「字幕テキスト」の2つの要素が利用されています。

1　クリップを追加する

　絵コンテにある四角いイラスト部分を、「プレースホルダウェル」といいます。ここには、ブラウザでクリップを選択して、その選択した映像を追加します。クリップの追加は、クリップをスキミングして利用したい映像を見つけてタップすれば、タップした位置を始点として、必要な時間だけの映像がウェルに自動的に追加されます。

プレースホルダウェルをタップする

映像の保存場所を選択する

258

Chapter 7　iPhone／iPadでiOS版iMovieを利用する

メディアライブラリが表示されるので、クリップをスクラブしてプレビューする

⊕をタップする

クリップがプレースホルダウェルに追加される

Point　指定された秒数がセットされる

　プレースホルダウェルには、秒数が設定されています。メディアライブラリでクリップを選ぶと、設定されている秒数だけのクリップがプレースホルダウェルに追加されます。

2　クリップの使用部分の調整

　登録したクリップを変更したい場合は、クリップを追加したプレースホルダウェルをタップし、「ショットを編集」画面を表示して、追加したクリップを削除します。あるいは、ショット編集画面でクリップの黄色い枠をドラッグし、必要範囲を微調整します。作業を終えたら、[完了]ボタンをタップします。

クリップを追加したプレースホルダウェルをタップする

❶[削除]ボタンで削除するか、黄色い枠をドラッグして範囲を変更する
❷[完了]ボタンをタップする

259

Chapter 7 iPhone／iPadでiOS版iMovieを利用する

3 字幕を修正する

字幕のテキスト部分をタップし、文字を修正します。

4 絵コンテを仕上げる

プレースホルダウェルへのクリップの追加、字幕の修正などを行い、絵コンテを仕上げます。

仕上げた絵コンテ

字幕を修正する

再生して確認

編集が終了したら、「完了」をタップします。これで予告編の完成です。

「完了」をタップする

完成した予告編

260

Chapter 7 iPhone／iPadでiOS版iMovieを利用する

7-11 iOS版iMovieで作成したムービーをiTunesで共有する

iOS版iMovieで作成したムービーは、iPhoneやiPadからダイレクトにYouTubeやFacebookにアップロードして、共有できます。また、ファイル出力、あるいは「iMovie Theater」で共有することなどが可能です。

ファイルとして出力

iOS版iMovieで編集したムービーを、動画ファイルとして出力してみましょう。ここではiPhoneでの出力方法を解説しますが、iPadでも手順は同じです。

［共有］ボタン🔼をタップする

［ビデオを保存］をタップする

書き出しのサイズを選択する

書き出しが開始される

書き出しが終了したら［OK］ボタンをタップする

261

| Chapter 7 | iPhone／iPadでiOS版iMovieを利用する |

ムービーを再生

iMovie Theaterで共有する

　iOS版iMovieで編集したムービーを、iMovie Theaterで共有してみましょう。iMovie Theaterに登録されたムービーは、MacのiMovieでも再生できます。

[共有]ボタン■をタップして[iMovie Theater]をタップする　　書き出しが開始される　　iMovie Theaterに登録される

Point & Tips 一覧

AVCHDについて ･･････････････････ 010
ビデオカメラとMacの接続設定 ･･････ 011
AC電源が必須 ･････････････････････ 011
イベントについて ･････････････････ 013
ボタンの表示 ･････････････････････ 013
複数のファイルを選択する ････････ 014
一度読み込んだビデオカメラ ･･･････ 014
ファイル単位での選択も可能 ･･･････ 016
AVCHDフォルダーと動画ファイル･･･ 017
AVCHDフォルダーとOS X ･･･････ 018
ファイルをドラッグ&ドロップで読み込む･･･ 020
外付けハードディスクのフォーマットについて･･･ 020
複数のファイルを選択する ･･･････ 022
すべてのクリップを読み込む････････ 023
iPhoneでも可能 ･････････････････ 024
スキミング方法による違い ･･･････ 026
1フレームずつ表示する ･････････ 028
その他のキーボードショートカットで再生･･･ 028
ライブラリ ･･････････････････････ 029
イベントをコピーする･･･････････････ 030
イベントをコピーでバックアップ ･････ 030
ドラッグ&ドロップで結合する ･･･････ 033
イベントリストの表示／非表示･･･････ 034
「よく使う項目に追加」と「選択項目を不採用」･･･ 038
メディアに戻る ･････････････････ 040
予告編とテーマの使い分け ･･･････ 046
テーマのプレビュー ･････････････ 049
イベントの変更 ･････････････････ 049
プロジェクトの操作 ･･････････････ 052
「デュレーション」とは ･･････････ 053
「イン点」と「アウト点」･･････････ 053
もっと簡単に範囲を指定 ････････ 056
プロジェクト全体の長さ･････････････ 060
再生ヘッドの移動 ･･･････････････ 061
フルスクリーンで再生する ･･･････ 062
ビデオ再生用ショートカットキー ･･････ 062

メニューバーからスロー再生を選択する･･･ 063
メニューバーから高速再生を選択する･･･ 064
キーボードショートカットのすすめ ･･ 065
イベントのデータをバックアップしたい･･･ 067
[delete]キーで削除する ･････････ 070, 084
名前をさらに修正したい ･･････････ 075
ドラッグ&ドロップで配置 ･･･････ 077
範囲を変更する ････････････････ 079
配置した範囲はオレンジ色 ･･･････ 079
クリップの挿入位置 ･････････････ 082
クリップのサイズ変更 ･･･････････ 084
再生時間を調整する ･････････････ 091
「フリーズフレーム」の使い方 ･･･････ 093
「編集点」について ･･････････････ 094
トリミングの方向･･･････････････････ 095
詳細編集を終了する ･････････････ 098
テーマのトランジション ･･･････････ 100
矢印キーを利用する ･････････････ 101
トランジションを自動設定する ･･････ 102
すべてのトランジションに適用する ･･･ 104
先頭にスワップを設定 ･･････････ 106
「波形を表示」をオン／オフする ･････ 108
2つの自動ボタンを利用した結果と同じ･･･ 118
効果を無効にする ･･･････････････ 119
「ホワイトバランス」について ･･･････ 120
効果を無効にする ･･･････････････ 120
[すべてをリセット]ボタン ･･･････ 125
逆さになっているときがある ･･･････ 126
オーバーレイトラックのクリップ ･････ 128
[ビデオオーバーレイ設定]ボタンの表示･･･ 129
カスタマイズの確定 ･････････････ 132
キーフレームを編集するボタン ･････ 135
オーバーレイトラックのクリップ ･････ 137
フェードの微調整 ･･･････････････ 139
透明化される色 ････････････････ 140
「アクティビティインジケータ」について･･･ 143
「ローリングシャッターを補正」について･･･ 143

Point & Tips 一覧

タイトルを検索する …………………… 145
タイトルの継続時間 …………………… 147
フォントパネルを利用する…………… 150
継続時間を数値で入力 ………………… 152
「ティッカー」を設定する …………… 156
テンプレートの情報 …………………… 165
ロゴスタイルも変更可能 …………… 167
プロジェクト変換すると変更できなくなる… 168
字幕を元に戻したい …………………… 170
写真を追加する ………………………… 170
「プレースホルダウェル」のタイムスタンプ … 171
イメージに合わせる必要はあるの？ … 171
ウェル内のアイコン ………………… 172
追加したクリップを削除するには …… 173
トリム編集について …………………… 174
一方通行の変換………………………… 175
予告編プロジェクトと………………… 176
標準プロジェクトの違い …………… 176
クリップのなかったプレースホルダウェル… 176
「バックグラウンド・ミュージック・ウェル」
は独立したトラック…………………… 181
音量の割合について …………………… 182
音量調整のポイント …………………… 183
選択範囲内のみの音量を調整する … 183
著作権について知りたい …………… 184
オーディオクリップをプレビューする 187
ビデオクリップと接続 ……………… 193
トリミング時の注意…………………… 194
メニューバーから実行 ……………… 196
フェードハンドルの表示について …… 197
キーフレームは2つ以上設定する … 198
キーフレームを削除する …………… 199
波形も同時に変化する ……………… 200
BGMには影響しない ……………… 201
[自動]を無効にする ………………… 201
レベルの調整について ……………… 202
プリセットの設定状態 …………… 203

サウンド入力デバイスを利用する … 204
マイクレベルを調整する …………… 206
入力レベルを確認 ……………………… 206
アフレコのクリップ…………………… 207
タイムラインにサウンドエフェクトがある場合 … 207
「ほかのクリップの音量を下げる」を無効にする … 210
縦位置出力はできない ……………… 213
3つのバージョンを自動作成………… 215
iMovie Theaterから共有する …… 217
削除のポイント ………………………… 218
Theaterからビデオ編集に戻る …… 218
同時にTheaterにもアップする …… 222
お気に入りマークを付ける ………… 226
ムービーが完成!……………………… 230
ビデオをスキミングする……………… 231
オレンジ色のライン ………………… 231
直前の操作を取り消す ……………… 232
波形を表示する【iPad版のみ】…… 238
子画面の位置変更……………………… 240
表示方法の変更………………………… 240
写真とビデオを併用 ………………… 242
タイトルの表示位置を変更する …… 248
タイトルマークが表示される………… 248
指定された秒数がセットされる……… 259

INDEX

アルファベット

AVCHDフォルダー	017
AVCHD形式	010
BGM	185
Facebook	176
GarageBand	208
iCloud	214
iMovie Theater	214
iOS版iMovie	228
iPad版	224
iPhone版	224
iTunes	185
Ken Burnsエフェクト	089, 242
SF	116
STREAM	017
X線	116
YouTube	219

あ

アウトライン	166
アウト点	053, 056
青	115
アクティビティインジケータ	213
アニメ	114
アニメーション	133
アフレコ	204
イコライザプリセット	202
イベント	013
イベントの結合	032
イベントのコピー	030
イベントの削除	031
イベントの変更	049
イベント名の変更	031
イン点	053, 055
ウェスタン	114
絵コンテ	169
エフェクトパネル	111

エンドロール	157
オーディオ	186
オーディオ波形の表示	180
オーバーレイトラック	128
置き換える	082
音量コントロール	182
音量スライダー	181

か

解像度	212
回転	125
カットアウェイ	128, 136
カラーバランス	117
キーフレーム	133, 197
キーフレームの編集	135
キーフレームを追加ボタン	134
境界線	132
共有ボタン	212
グリーン／ブルースクリーン	139
クリップ	014
クリップの移動	083
クリップの合成	136
クリップのサイズ	036
クリップのサイズ変更	084
クリップの削除	084
クリップの順番を入れ替え	069
クリップの挿入	080
クリップの追加	070
クリップの範囲指定	054
クリップの分割	083
クリップフィルタ	111
グロー	115
クロスディゾルブ	102
クロップ	123
黒へフェードアウト	246
古代	115
コンテンツライブラリ	009

INDEX

さ

再生ヘッド	025
再生ヘッドの位置までトリム	095
サイレント	113
サウンドエフェクト	192
サウンドデバイス	204
自動コンテンツ	102
自動補正	117
字幕テキスト	169
出演者数	165
詳細編集	096
白黒	113
新規イベント	012, 019
新規作成	047
新規プロジェクト	072
新規ムービー	039
ズームコントロールボタン	240
スキマー	025
スキミング	025
スキントーンバランス	120
すべてを読み込む	013
すべてをリセットボタン	125
スローモーション	063, 235
静止画像	234
設定ボタン	036
セピア	114
選択項目を不採用	038
選択した項目を読み込む	013
先頭から再生	027
速度エディタ	062

た

タイトル	144
タイトルの検索	145
タイトルの削除	148
タイトルの追加	144
タイトルの編集	148

タイムラインの拡大／縮小	058
ダッキング	194
ダブルトーン	116
調整ボタン	078
著作権	184
ティッカー	156
テーマ	044
テーマ選択ウィンドウ	048
テーマの選択	049
テーマのプレビュー	049
テーマの変更	050
デュレーション	053
テロップ	154
トランジション	099
トランジションスタイルポップアップメニュー	130
トランジションライブラリ	100
ドリーミー	115
トリミング	094

な

ネガティブ	116
ノアール	113
ノイズリダクション	201
ノーマライズ	200

は

ハードライト	115
背景ノイズを軽減	201
波形を表示	108
バックアップ	066
バックグラウンド・ミュージック・ウェル	181, 187
早送り	064
反転	113
ヒートウェーブ	113
ピクチャ・イン・ピクチャ	127
ビデオオーバーレイ設定	137
ビデオオーバーレイ設定ボタン	129

INDEX

ビデオカメラの接続 011
ビデオクリップ 010
ビデオクリップの音量調整 180
ビデオクリップの回転 236
ビデオクリップの配置 053
ビネット 114
ビューア画面 038
表示モード選択 024
昼から夜へ 116
ピンチアウト 236
ピンチイン 236
ビンテージ 114
フィルムグレイン 114
フェードアウト 197
フェードイン 197
フェードハンドル 197
フォトムービー 085
ブラウザ 036
ブラスト 115
フラッシュバック 115
フリーズ 234
フリーズクリップ 234
フリーズフレーム 092
フリーズフレームの追加 093
ブリーチバイパス 115
古いフィルム 114
フルスクリーン再生 028, 062
プレースホルダウェル 170
プロジェクト設定 246
プロジェクトの再生 060
プロジェクトへ移動 066
プロジェクトへ移動 073
プロジェクト名の変更 069
プロジェクトを複製 066
ブロックバスター 113
編集点 094
ホワイトバランス 119

ま

マイク 204
マイクレベル 206
マイムービー 040
マッチカラー 121
ミュート 183
ムービー 041
迷彩 113
メディア画面 035
メディアに戻る 040
メディアへ移動 040

や

要約再生 027
よく使う項目に追加 038
予告編 041, 160
予告編のプロジェクト変換 175
読み込み先 012
読み込む 012
読み込んだ項目を隠す 014

ら

ライブラリ 029, 036
ライブラリの非表示 033
ライブラリの表示 033
ライブラリを開く 029, 034
ライン入力 204
ラスタ 116
リセットボタン 112
領域選択ボタン 141
ローリングシャッターを補正 143
ロマンチック 114

阿部 信行（あべ のぶゆき）

千葉県生まれ。日本大学文理学部独文学科卒業。
ビデオ関連の執筆が多いが、ビジネスアプリからWeb制作関連まで執筆する
コンピニテクニカルライター＆PCインストラクター＆雑誌編集者。
ライター業、編集業のほかに、Web制作、イベントのライブ中継なども請け負っている。
また、フットワークが軽く、どこへでも出前講師の要請に応じる。
介護職員初任者研修（旧ホームヘルパー2級）取得済み。
株式会社スタック代表取締役。
All About「動画撮影・動画編集」「デジタルビデオカメラ」ガイド。

●最近の著書
|『【電子版】Thinkfree office NEO 実践入門』（ラトルズ）
『【電子版】いきなりPDF 速攻マニュアル』（ラトルズ）
『VEGAS Movie Studio 15 ビデオ編集入門』（ラトルズ）
『EDIUS Pro パーフェクトガイド 9/8/7 対応版』（技術評論社）
『VEGAS Pro 15 ビデオ編集入門』（ラトルズ）
『VEGAS Pro 14 ビデオ編集入門』（ラトルズ）
『Premiere Pro スーパーリファレンス CC 2017/2015/2014/CC/CS6 対応』（ソーテック社）
『Premiere Pro & After Effects いますぐ作れる! ムービー制作の教科書』（技術評論社）

iMovie レッスンノート for Mac / iPad / iPhone

2018年8月31日 初版第1刷発行

著　者　阿部信行
装丁・デザイン　米谷テツヤ
ＤＴＰ　うすや

発行者　黒田庸夫
発行所　株式会社ラトルズ
〒115-0055　東京都北区赤羽西4丁目52番6号
TEL：03-5901-0220（代表）　FAX：03-5901-0221
http://www.rutles.net

印　刷　株式会社ルナテック

ISBN978-4-89977-479-2
Copyright ©2018　Abe Nobuyuki
Printed in Japan

【お断り】
- 本書の一部または全部を無断で複写複製することは、法律で認められた場合を除き、著作権の侵害となります。
- 本書に関してご不明な点は、当社Webサイトの「ご質問・ご意見」ページ（https://www.rutles.net/contact/index.php）をご利用ください。電話、ファックスでのお問い合わせには応じておりません。
- 当社への一般的なお問い合わせは、info@rutles.netまたは上記の電話、ファックス番号までお願いいたします。
- 本書内容については、間違いがないよう最善の努力を払って検証していますが、著者および発行者は、本書の利用によって生じたいかなる障害に対してもその責を負いませんので、あらかじめご了承ください。
- 乱丁、落丁の本が万一ありましたら、小社営業宛てにお送りください。送料小社負担にてお取り替えします。